CHOUX & ÉCLAIRS

鄭清松 人氣法式閃電泡芙

鄭清松———著

PREFACE

泡芙，是不退流行的經典法式甜點。尤其是近年形成的長泡芙熱潮，時尚的造型、繽紛光滑的色澤，獨特的嶄新風味，再掀起甜點界的時尚話題。

泡芙，是種單純又親切的美味點心，尺寸不大，材料也非常簡單，而且只要材料比例一點改變，口感就會有不同變化，口味種類眾多，酥脆、香酥、鬆軟、清爽、濃口，搭配各式內餡又是不同風味組合，可說多采多姿。

書中各式泡芙，是以能在家輕鬆做為出發點，所有的配方作法，都是以不會失敗的範圍為前提，使用各式風味材料設計。只要掌握製作的重點與要訣，就能製作出其他的變化，帶出無窮創意的美味樂趣，像是：布列斯特、聖多諾黑、泡芙塔等，獨創或華麗的泡芙甜點都不成問題。而因為是在家裡製作的點心，因此手法上也利用了一些簡易不失美味的裝飾技法，並搭配各式水果，讓大家能夠在了解基本作法後，更能自如的發揮展現。

魅力超凡的泡芙，絕對能讓您充分感受製作甜點的樂趣！期盼創意無限的泡芙甜點能為您帶來小小的幸福，也希望各位能在本書中找到自己最喜愛的口味，盡享泡芙帶來的特有的幸福滋味！

最後，謝謝背後始終支持我的家人、同事以及讀者們，您們的支持是讓我精進的動力，謝謝大家。

鄭清松

SPECIAL THANKS
本書能順利拍攝完成，特別感謝德麥食品股份有限公司、
富美佳貿易股份有限公司的材料提供。

目次

Choux
酥香蓬鬆的小泡芙

本書注意事項
* 材料配方中，鮮奶油若無特別標示，就是使用動物性鮮奶油。
* 烤箱的性能會隨著廠牌機種的不同而有所差異；標示時間、火候供參考用，請配合實際需求做最適當的調整。
* 短時未用完的麵糊、翻糖、糖霜，表面要覆蓋保鮮膜，防止乾燥。

Éclairs
繽紛時尚的閃電泡芙

Decor
創意造型的裝飾泡芙甜點

絢麗迷人的巴黎潮滋味──
CHOUX & ÉCLAIRS

風靡世界的法式泡芙，在各國又有不同的含意稱呼，
正式法文「choux à la créme」，其中的 à la créme是「奶油風味」之意。
英文中因膨脹鼓起的外形名為「cream puff」；
德文中名為「windbeutel」有風袋之意；在日本稱為「choux cream」；
中文裡所稱的泡芙，又因中空膨起的內部，而有「奶油空心餅」稱呼。

傳統圓形的泡芙，因裂開的紋路表面，
外形狀似圓圓的甘藍菜，又稱「choux」，
除了圓滾鬆軟外殼的球狀泡芙，
其他還有各種形狀樣式，以及各自背後的美麗故事。
像細長如手指的長形泡芙，因美味到讓人能飛快地一下吃完，
好似電光火石般而得名，又其表層閃耀虹霓色澤的淋面，
繽紛絢麗，如同閃電般的絢麗火光，而有閃電éclair的美名。

泡芙，從裡到外盡是甜蜜的幸福味道，蓬鬆酥香的麵皮，
口感風味多樣、樣式形狀各異，
中空的填餡更是充滿無限的變化，
卡士達餡、風味奶油、甘那許，甚至冰淇淋，
口味繁多、造型多變，外酥內滑順、口感極佳，
可說是廣受眾人喜愛的人氣甜點。

修女泡芙、布列斯特、聖多諾黑、時尚泡芙塔…
跟著本書進入頂級法式甜點的世界，體驗巴黎食尚的潮滋味！

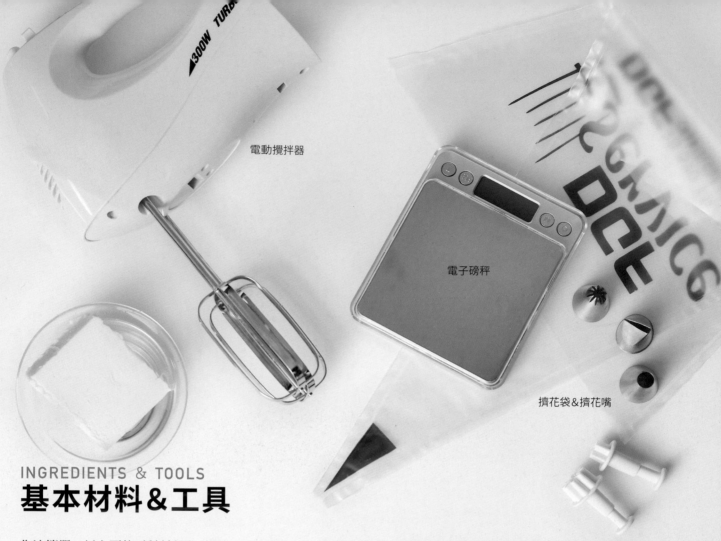

電動攪拌器

電子磅秤

擠花袋&擠花嘴

INGREDIENTS & TOOLS
基本材料&工具

作法簡單，以主要的4種材料蛋、奶油、水、麵粉，加上基本器具，就能製作出各式變化的美味泡芙。

全蛋

可調節麵糊的軟硬度。為了不讓麵糊的溫度降得太低，要先將冷藏的蛋回復到常溫後再使用。

無鹽奶油

使用的是無鹽奶油。為了讓奶油容易融化，需先讓奶油回復到常溫軟化後再使用。

鮮奶

可提增泡芙麵糊的香氣風味，增加濕潤、潤澤感等。

細砂糖

具清爽甜味，顆粒細小，可快速與其他材料融合，是製作甜點最常使用的砂糖。

低筋麵粉

使用筋性弱的低筋麵粉，麵粉中澱粉經加熱糊化，烘烤就成了泡芙，為避免結粒的情況，使用前要過篩。

量杯

量匙

小粉篩

小煮鍋

平板刮刀板

烤焙墊、烤焙紙

網篩

鋼盆
（玻璃盆）

電子溫度計　小刀　　橡皮刮刀　　刷子　　L型抹刀　　橡膠刮刀（耐熱性）　打蛋器

鑷子

INGREDIENTS
增添口味與裝飾變化的材料

加入不同的食材粉末，就能變化出各式不同的風味，
繽紛色彩、多樣化風味食材點綴，讓泡芙甜點的變化加倍迷人！

棉花糖

棉花糖

蛋白餅

咖啡巧克力豆

胡桃

捏塑翻糖

捏塑翻糖

杏仁片

食用咖啡土

可可粉

生巧克力

食用巧克力土

草莓巧克力屑

伯爵茶葉

巴芮脆片

乾燥覆盆子碎

蜜漬橘皮

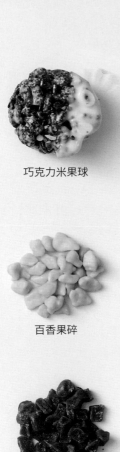

巧克力米果球

夏威夷豆

粗粒珍珠糖

細粒珍珠糖

百香果碎

鈕扣巧克力

榛果

杏仁角

乾燥草莓軟糖粒

開心果

腰果

抹茶粉

黑巧克力屑

白巧克力屑

海鹽餅乾

巧克力米

彩色珍珠粒

榛果粉

製作泡芙的重點訣竅

製作泡芙的成功之道在於正確的基本操作，了解製程原理，
掌握環節狀態的製作訣竅，就能成功做出蓬鬆漂亮有型的美味泡芙！

完全融解、徹底煮沸

製作泡芙麵糊時，為了促使麵糊膨脹，在開始的加熱時必須將水、鮮奶、奶油確實的加熱煮至沸騰且奶油完全融化後，再一次加入麵粉仔細攪拌混勻，讓麵粉與水分能迅速且充分融合，並利用融化的油脂抑制麵粉的黏性，讓麵粉中的澱粉完全糊化，形成滑潤具延展性的麵糊。

確實攪拌均勻、完全融化，待水分蒸發、鍋底結出一層薄膜即可熄火。

擠出的麵糊，要有適當的間隔

麵糊經過烘烤後會膨脹，因此要充足的間隔距離，否則會影響成品烘烤後的品質。擠麵糊時至少要有2-3cm的間隔，間距太窄，烘烤受熱後就可能會沾黏一起。

擠製麵糊時要有適當的間隔，間隔太窄，烘烤中就可能會沾黏一起。

配合麵糊軟硬度調整，分次加入蛋液

麵糊的軟硬度影響泡芙的膨鬆度。麵糊太柔軟，擠出塑型時易散開流向側邊，使得向上膨脹的力道變弱，烘烤時則無法充分膨脹，無法烤出漂亮的紋路；麵糊太硬則因無法伸展性，無法讓水蒸氣向外排出，導致膨脹狀態不佳，烘烤時則會膨脹不起來，無法產生裂紋，變得又小又硬。

麵糊的溫度太高的話會讓蛋汁熟化，太冷的話會使奶油裡的油脂浮上來，因此加入蛋液前，可先攪拌麵糊，讓麵糊稍微散熱（麵糊溫度不宜超過60℃）。加入麵糊中的蛋液非常重要，蛋量太少會膨脹不起來，太多的話又會使表面凹凸不平、過於膨鬆；混合蛋液時除了分幾次加入外，在每次加入前都要確認加入的蛋液是否和麵糊完全混合，再接著所需要的份量，直到麵糊具有一定的硬度。完成的麵糊以富光澤、舀起呈倒三角狀慢慢滴落的狀態為理想。

烘烤至膨脹，定型、裂紋上色

泡芙之所以會膨脹鼓起，是因為麵糊受熱後水分蒸發，推擠麵糊造成麵糊的膨脹隆起而形成中空；因此烘烤製程中，在還沒烤到定型前嚴禁打開烤箱，否則水蒸氣散失，麵糊還軟軟的狀態時接觸到冷空氣，會導致麵糊內部收縮，形成膨脹不良，呈現扁縮塌陷狀態。烘烤泡芙最佳的狀態，為麵糊蓬鬆隆起、外皮及裂縫處烤出紋路、出現金黃的烤色才算完成。

烘烤完成確認的重點在於烤至泡芙皮的側面和裂紋處都出現金黃烤色。

美味的品嚐與保存

一次烤不完的泡芙麵糊，若不立即使用，可擠在烤盤紙後冷凍，待冰硬後再放入塑膠袋裡冷凍保存，約可保存2週。使用時常溫解凍，噴上水霧，放入烤箱烘烤（時間要稍拉長5-10分鐘）。麵糊若是很快會再使用的話，記得要用濕布蓋起來不要讓麵糊乾燥，放置室溫。至於烤好的泡芙，在還沒填餡的情況下，密封包好後，冷凍保存約可放7天。

用烤焙紙隔層整齊擺放入保鮮盒中冷藏保存。

提升美味等級的小技巧

混合簡單材料做出泡芙麵糊，用基本麵糊搭配酥皮延伸變化，搭配風味內餡與裝點，就能變化出多重層次的泡芙甜點。

閃亮耀眼的翻糖

◎翻糖的調色＆沾裹

1 將白色翻糖微波加熱5秒至呈濃稠光滑液狀，加入食用色素混合拌勻。

2 沾裹勻後用手指刮邊緣抹掉多餘的翻糖整形即可。

> **翻糖的保存！**為了防止乾燥和濕氣，要覆蓋密封確實包好，保存在常溫下，約可保存14天；再次使用時可添加少許食用水來調整軟硬度。

百變花樣的捏塑翻糖

◎捏塑翻糖的調色

1 用牙籤沾取色膏加入白色捏塑翻糖中。

2 反覆折疊揉壓（或裝入塑膠袋中揉捏，避免顏色的沾染）。

3 揉壓至上色均勻，再視所需的顏色調整。

4 運用不同食用色素調色。

◎捏塑翻糖的塑型

1 取黃色捏塑翻糖用擀麵棍擀成片狀。

2 用塑型模壓出造型花樣。

13

細膩華麗的巧克力

◎調溫巧克力

1　巧克力隔水加熱到40℃完全融化（不可超過50℃；可利用微波來加熱避免水氣的滲入導致變質）。

2　充分攪拌至溫度降低至約26℃（滴落時會留下痕跡），質地呈濃稠、具光澤狀態。

◎融化巧克力-調色

1　白巧克力隔水加熱到40℃完全融化（不可超過50℃）。

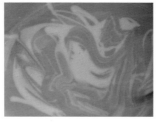

2　加入食用色膏調色，攪拌混合均勻。

◎巧克力裝飾片

1　巧克力隔水加熱至完全融化（不可超過50℃）。

2　將巧克力液淋在巧克力轉寫紙上，用抹刀攤展開抹平。

3　在巧克力片上隔層烤焙紙，用輕物輕壓、待冷卻定型。

4　裁切成所需大小，去除塑膠片，即成巧克力飾片。

> 防止變形！輕壓定型後完成的巧克力飾片，才不會有邊角掀起的情況。

繽紛多彩的糖霜

◎糖霜

1　將糖粉150g放入容器中，在中間處加入糖水30g、柳橙汁25g。

（用細砂糖130g、水100g加熱煮至完全融解，製作成糖水）

2　充分撥動拌勻至濃稠呈光澤，即成柳橙糖霜。

晶瑩剔透的糖片

◎裝飾糖片

1　細砂糖200g、水110g、葡萄糖漿50g，放入小煮鍋中。

2　用小火加熱煮糖至完全融化約125℃成焦糖色。

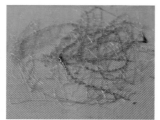

3　淋在烤焙墊上，迅速延展均勻，塑整出形狀。

4　待冷卻，即能剝取成糖片（加入色水可製作出不同色澤的糖片）。

5　也可將泡芙表面沾裹上焦糖色的糖漿。

6　放置烤焙墊上待冷卻、定型做成焦糖泡芙。

◎法式珍珠糖片

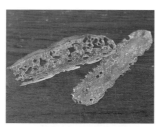

1　將橢圓模框放置矽膠布墊上，舀入拉糖專用糖，均勻鋪平。

2　放入烤箱，以上下火175℃，烤約15分鐘，取出，待冷卻、定型。

華麗光澤的裝飾

◎金粉巧克力球

1　在巧克力米中加入食用金粉。

2　充分混合均勻讓巧克力米沾勻金粉即成。

◎紫銅粉巧克力豆

1　巧克力豆、紫銅粉裝入塑膠袋中。

2　束緊袋口充分搖晃均勻，沾勻紫銅粉。

◎銀粉翻糖蝴蝶

1　用壓模在擀平的翻糖上壓切出花樣。

2　用畫筆沾食用銀粉在翻糖蝴蝶片上輕輕薄刷。

> 調色的重點技巧！也可重疊塗上兩種顏色，做出不同的顏色層次。

從烘烤基本的泡芙開始

表面有點漂亮的裂痕，有蓬鬆的空氣感，
裡面布滿細緻均勻的小孔，完美中空，
外皮厚度均勻，烤色均勻是泡芙重要特色。

小圓泡芙&長條泡芙，學會2種基本款！
在蓬鬆酥香的泡芙內擠上滿滿的內餡，
多樣化的口味搭配，展現絕美平衡好滋味。

BASIC

原味泡芙&閃電泡芙

[材料]

泡芙麵糊

A. 無鹽奶油125g、水125g、鮮奶125g、細砂糖5g、海鹽2.5g
B. 全蛋250g、低筋麵粉150g

卡士達奶油餡

卡士達奶油餡200g、打發鮮奶油50g

[事前準備]

· 低筋麵粉過篩。
· 奶油放置室溫回溫，切小塊狀。
· 將烤焙布鋪在烤盤上；烤箱預熱到170℃。
· 參見P24製作卡士達奶油餡。

[作法]

製作泡芙麵糊

1 將低筋麵粉過篩均勻。

2 煮沸鮮奶和奶油。鮮奶、水、奶油、細砂糖及海鹽放入鍋中，中大火加熱。

3 邊以打蛋器輕攪拌邊融解奶油，煮至奶油融化沸騰，轉小火。

4 加低筋麵粉。加入全部的低筋麵粉，以打蛋器迅速攪拌避免結塊。

5 中火加熱，以耐熱刮刀從底部往上使勁攪拌，讓粉類因受熱糊化、水分蒸發。

6 持續攪拌直到麵團產生黏性、鍋底結出一層薄膜，離火。麵糊產生糊性與否，可從鍋底是否形成薄膜（乾皮狀態）程度判斷。

7 將麵團倒入容器中，用漿狀攪拌器攪打待稍降溫。

8 加蛋液。趁熱，分幾次加入蛋液，以中速攪拌至完全融入麵糊中。

加蛋液時要邊留意麵團的軟硬度，再邊將蛋液分成少量多次地加入混合；注意每次加入時要讓蛋液完全融入麵糊中。

9 邊留意麵團的軟硬度，邊加入蛋液分成少量多次地加入混合，直至變得柔潤狀態即可。

10 用橡皮刮刀舀起，若麵糊緩慢落下時形成倒三角形的狀態，就表示柔軟度恰到好處。

以橡皮刮刀舀起確認軟硬度。若麵糊有光澤，舀起呈現倒三角形慢慢滑落，即表示軟硬度OK。

擠麵糊、烘烤

11 圓形。擠花嘴裝在擠花袋中，裝入麵糊，在鋪好烤焙布的烤盤中，相間隔約2cm，擠出直徑約4cm的圓形麵糊。表面若不夠平整可將手沾少許水後稍平整。

12 長 條 形 **A**。擠花嘴（菊花形）裝在擠花袋中，裝入麵糊，在鋪好烤焙布的烤盤中，相間隔約2cm，擠出長約10cm的長形麵糊。

13 長 條 形 **B**。擠花嘴（圓花形）裝在擠花袋中裝入麵糊，在鋪好烤焙布的烤盤中，相間隔約2cm，擠出長約10cm的長形麵糊，用叉子的背面沾少許水畫條紋。

麵糊畫出條紋後烘烤即可減少裂痕，不會凹凸，形狀較漂亮。

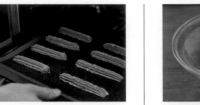

14 烘烤。以上火170℃／下火170℃（旋風烤箱175℃），烤約30-35分鐘，至麵糊膨脹、呈金黃色。

在烤至定型前若接觸到冷空氣，麵糊就會消氣縮小，因此注意在烘烤25分鐘以前，不要打開烤箱，以免熱氣流失，導致麵糊因此膨脹不良而失敗。

若是以專業烤箱，採先高溫（185℃，10-15分）烘烤的方式，可在泡芙烤上色、定型後，再降溫（170℃）烘烤。

填內餡、組合裝飾

15 卡士達奶油餡。取卡士達餡加入打發鮮奶油拌勻即可。

16 圓形泡芙—底部擠餡。在圓形泡芙底部用擠花嘴戳洞，擠入內餡，以底朝下放置即可。

17 圓形泡芙—剖開擠餡。將泡芙從上方約1/3高處橫剖切開，在底座擠入內餡，蓋上上層泡芙即可。

Ⓐ

Ⓑ

19 長條泡芙—剖開擠餡。將泡芙從上方約1/3高處橫剖切開，在底座擠入內餡，蓋上上層泡芙即可。

18 長條泡芙—底部擠餡。在泡芙底部用擠花嘴呈曲線戳3個洞Ⓐ，或呈直線戳3個洞Ⓑ，擠入內餡。

吃不完的泡芙殼可用保鮮盒密封冷凍保存，要吃時再回烤。

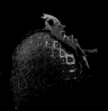

各式風味的法式泡芙

除外型、內餡，泡芙體的口味還有許多種變化，
在基本的材料中，變化幾種材料，就能做出不同的口感風味，
就從泡芙體的風味開始，享受不思議的美味變化吧～

A 以法國粉代替低筋麵粉

→內部組織酥脆

[材料]

A. 無鹽奶油100g、水125g、鮮奶125g、
   細砂糖5g、海鹽2.5g
B. 全蛋250g、法國粉150g、
   黃檸檬皮屑15g

B 以高筋麵粉代替低筋麵粉

→低筋口感鬆軟，高筋口感酥脆

[材料]

A 無鹽奶油120g、水120g、鮮奶180g、
  細砂糖5g、海鹽1g
B 全蛋300g、高筋麵粉180g

C 搭配榛果粉的風味

→帶淡淡的榛果香氣

[材料]

A 無鹽奶油125g、水125g、鮮奶125g、
  細砂糖5g、海鹽2.5g
B 全蛋250g、低筋麵粉150g、榛果粉
  30g

D 搭配杏仁粉

→泡芙質感比較軟薄

[材料]

A 無鹽奶油100g、水20g、鮮奶
  160g、細砂糖12g、海鹽2g
B 全蛋210g、高筋麵粉120g、杏仁粉
  20g、起司粉5g

E 搭配裸麥粉、可可粉調配

→泡芙質感帶有淡淡裸麥風味

[材料]

A 無鹽奶油125g、水125g、鮮奶125g、
  細砂糖5g、海鹽2.5g
B 全蛋250g、低筋麵粉120g、裸麥粉
  50g、可可粉5g

F 以鮮奶代替水的部分

→加水的味道清爽，輕盈鬆軟，烤色偏
淡；加鮮奶帶濃郁乳香味，香脆且烤色
較深

[材料]

A 無鹽奶油120g、鮮奶255g、細砂糖
  5g、海鹽2.5g
B 全蛋250g、低筋麵粉150g

製作絕頂美味的風味內餡

BASIC 義大利奶油餡

義大利蛋白霜製作成的香草奶油餡，
濃稠香醇、滑潤，口感輕盈不膩。

保存 冷藏保存約14天。

[材料]

A. 鮮奶150g、香草莢1支
B. 蛋黃80g、細砂糖160g
C. 細砂糖200g、水70g、蛋白100g
D. 奶油600g

[作法]

1 香草莢剖開、以刀背刮取出香草籽，與鮮奶放入鍋中小火煮至沸騰。

2 蛋黃、細砂糖攪拌均勻後，再加入 作法1 。

3 以小火邊拌邊煮至約83℃，離火，即成蛋奶醬。

4 細砂糖、水放入鍋中，以小火煮至約110℃變得黏稠狀。

5 將蛋白放入攪拌缸以中速攪拌至約7分發。

6 慢慢加入 作法4 糖漿繼續攪拌至約8分發至產生滑順光澤。

7 將 作法6 加入 作法3 混合拌勻，待降溫約40℃、冷卻。

8 加入切成小塊的奶油混合拌勻即成。

BASIC **柳橙風味奶油餡**

融合香橙及巧克力的絕美風味，
與鮮奶油交織出濃郁滑順的香氣滋味。

保存 冷藏保存約7天。

[材料]
A. 鮮奶油230g、吉利丁片6g
B. 白巧克力100g、香葵克25g、
　　鮮奶油200g

[作法]

1 鮮奶油（200g）小火
加熱煮沸。

 +

2 鮮奶油（230g）加入吉利丁片浸泡至軟化。

3 白巧克力隔水加熱融
化。

4 將 作法3 加入 作法1
中拌勻。

5 再加入香葵克拌勻。

6 最後加入 作法2 混合
拌勻即可。

卡士達奶油餡

濃稠滑潤的卡士達奶餡，搭配打發鮮奶油，柔順滑嫩，口感鬆綿輕盈、不膩口。

保存 冷藏保存約4-5天。

[材料]

A. 鮮奶200g、香草莢1/2支、細砂糖26g
B. 蛋黃48g、細砂糖24g、卡士達粉18g

綜合奶油（Crème diplomate）。取卡士達餡加入打發鮮奶油拌勻即可。

[作法]

1　香草莢剖開、以刀背刮取出香草籽。

2　將香草莢、香草籽、鮮奶、細砂糖放入鍋中。

3　以中大火加熱煮至沸騰，取出香草莢。

4　將蛋黃、細砂糖、卡士達粉攪拌混合。

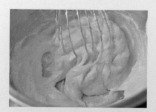

5　取 **作法3** 分2次加入 **作法4** 中攪拌混合。

6　以小火回煮，邊攪拌混合邊煮至沸騰呈濃稠狀，光澤且滑潤。

7　倒入盛皿中攤平，表面覆蓋保鮮膜，冷藏。

巧克力甘那許

巧克力混合鮮奶油，添加白酒提出風味，
適用於糕點的夾餡及製作亮澤華麗的淋面。

保存 冷藏保存約7天。

[材料]

A. 鮮奶油500g、葡萄糖漿50g
B. 黑巧克力（60%）400g、無鹽奶油20g、
　　櫻桃白蘭地20g

[作法]

1 鮮奶油倒入鍋中，加入葡萄糖漿，中火加熱煮至微溫（約70℃），離火。

2 黑巧克力隔水加熱融化，加入到 **作法1** 中。

3 用打蛋器邊攪拌邊加熱。

4 攪拌至完全混合，離火。

5 待稍降溫約40℃。

6 加入軟化後切小塊的奶油。

奶油要先放室溫回溫軟化，較容易混合均勻。

7 攪拌混合至完全融合乳化。

8 加入櫻桃白蘭地酒拌勻至有光澤即可。

櫻桃酒也可以用君度橙酒、茴香酒或蘭姆酒代替。

各式風味的泡芙內餡

卡士達餡、義大利奶油餡、甘那許,與各種風味奶油餡,
從經典風味延伸,教您製作多種風味的美味內餡,
依據喜好搭配變換,享受美味泡芙的無限樂趣!

玫瑰檸檬餡

材料

鮮奶油230g、吉利丁片6g、白巧克力150g、玫瑰醬100g、檸檬汁20g、鮮奶油200g

作法

1. 鮮奶油與吉利丁片浸泡軟化。
2. 白巧克力隔水融化，加入玫瑰醬、 作法1 拌勻，加入檸檬汁，待稍冷卻，加入煮沸的鮮奶油混合拌勻即可。

酸桔草莓餡

材料

A. 酸桔果泥80g、草莓果泥120g、鮮奶油125g、轉化糖漿50g
B. 白巧克力400g、君度橙酒8g

作法

鮮奶油、轉化糖漿加熱煮沸，離火，待稍涼，加入融化白巧克力攪拌混合至乳化後，再加入加熱過的果泥拌勻，最後加入橙酒拌勻，待冷卻即可。

百香芒果餡

材料

A. 百香果泥125g、芒果果泥125g、細砂糖35g、鮮奶油75g、轉化糖漿60g
B. 白巧克力480g、無鹽奶油60g

作法

將材料A加熱煮沸，離火，待稍涼（約60-70℃），加入融化白巧克力攪拌混合至乳化後，加入奶油均質融合，待冷卻即可。

佛手柑餡

材料

A. 佛手柑果泥110g、鮮奶油120g、轉化糖漿100g
B. 白巧克力180g、無鹽奶油 40g

作法

1. 鮮奶油、轉化糖漿加熱煮沸，離火，待稍涼。
2. 加入融化白巧克力（約50℃）攪拌混合至乳化。
3. 再加入加熱過的果泥拌勻，加入奶油均質融合，待冷卻即可。

焦糖血橙餡

材料

A. 葡萄糖漿30g、細砂糖115g、水40g、血橙果泥115g、鮮奶油60g
B. 白巧克力220g、可可脂40g、無鹽奶油45g

作法

1. 細砂糖、水、葡萄糖漿，以小火煮成焦糖（約110℃）。
2. 將血橙果泥、鮮奶油以中小火加熱至沸騰，再倒入 作法1 中拌勻。
3. 將 作法2 再加入到白巧克力、可可脂中混合拌勻，待稍降溫（約35℃），加入奶油拌勻至有光澤即可。

焦糖百香果餡

材料

A. 葡萄糖漿30g、細砂糖115g、水40g、百香果泥115g、鮮奶油60g
B. 白巧克力220g、可可脂40g、無鹽奶油45g

作法

1. 細砂糖、水、葡萄糖漿，以小火煮成焦糖（約110℃）。
2. 將百香果泥、鮮奶油分別以中小火加熱（約85℃），再倒入 作法1 中拌勻。
3. 將 作法2 再加入到白巧克力、可可脂中混合拌勻，待稍降溫（約35℃），加入奶油拌勻至有光澤即可。

Choux

酥香蓬鬆的
小泡芙

Choux傳統圓膨泡芙，在法文有甘藍菜的意思，
因外形裂紋狀似圓形的甘藍菜而得名，
也是中文裡所指的奶油空心餅。
鬆軟外殼的基本圓形外，還有覆蓋酥皮、結合起酥…
各種形狀、風味的結合變化，搭配豐腴香甜內餡，
多元化的美味饗宴，令人驚艷！

Strawberry Puff

草莓天使泡芙

濃郁滑順的草莓奶油餡，滋味濃醇，
小巧可愛的酥脆泡芙體，圓滾誘人，
搭配酸酸甜甜的莓果，
精心獨特呈現，魅力超凡的奢華美味。

[**事前準備**]

・參見P16-19製作泡芙麵糊。

・參見P24製作卡士達奶油餡。

・將擠花袋分別裝上圓形花嘴（擠麵糊）、菊花花嘴（擠餡）。

[**材料**]（25個份）

泡芙麵糊

基本泡芙麵糊→參見P16

卡士達奶油餡

卡士達奶油餡→參見P24
——200g
打發鮮奶油——50g

裝飾用

覆盆莓
糖粉
玫瑰花瓣
銀色珍珠球

[**作法**]

1 製作泡芙麵糊。參照 P16-19 作法1-10 的要領，製作泡芙麵糊。

2 擠麵糊。將麵糊裝在擠花袋裡，在鋪好烤焙布的烤盤中，相間隔約 2cm，擠出直徑約4cm的圓形麵糊。

3 烘烤。以上火170℃／下火170℃（旋風烤箱175℃），烤約 30-35分鐘，至麵糊膨脹、呈金黃色。

吃不完的泡芙殼可用保鮮盒密封冷凍保存，要吃時再回烤。

4 卡士達奶油餡。將卡士達奶油餡加入打發鮮奶油拌勻即可。

5 填內餡、組合裝飾。將泡芙從上方約1/3高處橫剖切開，在底座擠入奶油餡、周圍擺放上覆盆莓，中間再填上奶油餡，蓋上上層泡芙，表面篩入糖粉，用玫瑰花瓣、銀色珍珠球裝點頂層即可。

Coffee Puff

魔豆咖啡泡芙

表面鋪放咖啡酥皮烘烤，製作出沙布列質感的表皮，
咖啡香氣，酥香外皮、濃醇內餡，加上些微裝點，
小巧迷人，任誰都難以招架的絕美風味。

[材料]（25個份）

泡芙麵糊

A | 無鹽奶油 —— 125g
水 —— 125g
鮮奶 —— 125g
細砂糖 —— 5g
海鹽 —— 2.5g

B | 全蛋 —— 250g
低筋麵粉 —— 150g
咖啡粉 —— 10g

咖啡酥皮

細砂糖 —— 150g
奶油 —— 100g
全蛋 —— 30g
杏仁粉 —— 100g
低筋麵粉 —— 100g
咖啡粉 —— 10g

咖啡奶油餡

義大利奶油餡→參見P22
—— 200g
咖啡濃縮精 —— 20g

裝飾用

巴芮脆片、糖粉
咖啡巧克力豆

[作法]

1 咖啡酥皮。奶油、細砂糖攪拌至乳霜狀，加入蛋液攪拌均勻，再加入粉類攪拌混合均勻成團，分成3等份，搓揉成長條狀，用烤焙紙包捲好，冷凍約4小時，切成厚約0.5cm薄片。

2 製作泡芙麵糊。將材料A、咖啡粉加熱煮沸。參照P16-19 作法1-10 的要領製作泡芙麵糊。

3 擠麵糊。將麵糊裝在擠花袋裡，在鋪好烤焙布的烤盤中，相間隔約2cm，擠出直徑約4cm的圓形麵糊，表面鋪蓋咖啡酥皮，稍按壓。

4 烘烤。以上火170℃／下火170℃（旋風烤箱175℃），烤約30-35分鐘至麵糊膨脹、呈金黃色。

5 咖啡奶油餡。將義大利奶油餡加入咖啡濃縮精混合拌勻即可。

6 填內餡、組合裝飾。將泡芙從上方約1/3高處橫剖切開，在底座擠入咖啡奶油餡，撒上巴芮脆片，覆蓋上層泡芙。

7 將咖啡巧克力豆薄刷上裝飾紫銅粉，放置頂層裝點，表面篩入糖粉即可。

[事前準備]

・參見P22製作義大利奶油餡。

・參見P40製作咖啡酥皮。

・將擠花袋分別裝上圓形花嘴（擠麵糊）、菊花花嘴（擠餡）。

Matcha Puff

綠光抹茶泡芙

抹茶外層口感香酥，外型圓潤優雅，
抹茶卡士達內餡溫潤、香甜、柔滑，
清新優雅的色澤與風味，
造就小泡芙的迷人魅力。

[事前準備]

· 參見P40製作抹茶口味酥皮。

· 將擠花袋分別裝上圓形花嘴（擠麵糊）、菊花花嘴（擠餡）。

· 堅果壓碎，果乾丁可依自己喜好搭配。

[材料]（25個份）

泡芙麵糊

A | 無鹽奶油 —— 125g
 | 水 —— 125g
 | 鮮奶 —— 125g
 | 細砂糖 —— 5g
 | 海鹽 —— 2.5g

B | 全蛋 —— 250g
 | 低筋麵粉 —— 150g
 | 抹茶粉 —— 15g

抹茶酥皮

細砂糖 —— 150g
奶油 —— 100g
全蛋 —— 30g
杏仁粉 —— 100g
低筋麵粉 —— 100g
抹茶粉 —— 20g

抹茶卡士達餡

A | 鮮奶 —— 500g
 | 蛋黃 —— 100g
 | 細砂糖 —— 75g
 | 玉米粉 —— 30g

B | 鮮奶油 —— 100g
 | 抹茶粉 —— 15g
 | 無鹽奶油 —— 50g

裝飾用

乾燥覆盆子碎、薄荷葉
堅果碎、果乾丁

[作法]

1 抹茶酥皮。奶油、細砂糖攪拌至乳霜狀，加入蛋液攪拌均勻，加入粉類攪拌混合均勻成團，分成3等份，搓揉成長條狀，用烤焙紙包捲好，冷凍約4小時，切成厚約0.5cm薄片。

2 製作泡芙麵糊。將材料A、抹茶粉加熱煮沸。參照P16-19 作法1-10 的要領製作泡芙麵糊。

抹茶粉先與材料A一起煮勻能提增香氣風味。

3 擠麵糊。將麵糊裝在擠花袋裡，在鋪好烤焙布的烤盤中，相間隔約2cm，擠出直徑約4cm的圓形麵糊，表面鋪蓋抹茶酥皮。

4 烘烤。以上火170℃／下火170℃（旋風烤箱175℃），烤約30-35分鐘，至麵糊膨脹、呈金黃色。

5 抹茶卡士達餡。參照P24作法。將奶油、鮮奶油、鮮奶攪拌混合，加熱煮至沸騰。

6 將蛋黃、細砂糖、玉米粉、抹茶粉混合均勻，再沖入 作法5 攪拌混合。

7 開小火再加熱約2分鐘至沸騰呈濃稠狀，倒入盛皿中攤平，表面覆蓋保鮮膜，冷藏。取抹茶卡士達餡（200g）加入打發鮮奶油（50g）拌勻即可。

8 填內餡、組合裝飾。將泡芙從上方約1/3高處橫剖切開，上層泡芙篩上抹茶粉。底座擠入抹茶卡士達餡，撒上堅果碎，覆蓋上層泡芙。

Sesame Puff

小巴黎戀人泡芙

混合芝麻粉搭配抹茶酥皮做成泡芙體，
與原味小泡芙做組合，
宛如小巴黎塔的優雅裝點，
營造出魅力獨具的風格。

[事前準備]

- 參見P34-35製作抹茶酥皮。
- 參見P13-15製作捏塑翻糖小花。
- 將擠花袋分別裝上大圓形花嘴（擠麵糊）、小圓形花嘴（擠餡）。

[材料]（25個份）

泡芙麵糊

A | 無鹽奶油——125g
  | 水——125g
  | 鮮奶——125g
  | 細砂糖——5g
  | 海鹽——2.5g
B | 全蛋——250g
  | 低筋麵粉——150g
  | 黑芝麻粉——30g

抹茶酥皮

抹茶酥皮→參見P34

草莓風味奶油餡

鮮奶油——230g
吉利丁片——6g
白巧克力——100g
草莓糖漿——60g
鮮奶油——200g

裝飾用

小泡芙→參見P16
覆盆莓
翻糖小花
珍珠球

[作法]

1 抹茶酥皮。參照P34-35 作法1 的要領，製作抹茶酥皮。

2 製作泡芙麵糊。參照P16-19 作法1-10 的要領製作泡芙麵糊。

3 擠麵糊。將麵糊裝在擠花袋裡，在鋪好烤焙布的烤盤中，相間隔約2cm，擠出直徑約4cm的圓形麵糊，表面鋪蓋抹茶酥皮。原味小泡芙的麵糊直徑約0.7cm。

4 烘烤。以上火170℃／下火170℃（旋風烤箱175℃），烤約30-35分鐘，至麵糊膨脹、呈金黃色。

5 草莓風味奶油餡。鮮奶油230g與吉利丁片浸泡軟化。

6 將白巧克力隔水融化，加入草莓糖漿拌勻，待稍冷卻加入 作法5 拌勻，最後加入煮沸的鮮奶油拌勻即可。

7 填內餡、組合裝飾。在泡芙底部用擠花嘴戳洞，擠入奶油餡，表面擠上奶油餡黏住小泡芙，並在銜接處擠上奶油餡裝飾，用珍珠糖點綴，放上翻糖小花，頂層用覆盆莓裝點即成。

Chocolate Chantilly Puff

莓果花語泡芙

在殷紅的泡芙殼中擠入滿滿的巧克力香緹餡，
搭配玫瑰花瓣，美麗尊貴的深紅色澤與淡雅可可風味，
亮麗、濃醇、絲滑，迷人指數百分百！

[事前準備]

• 參見P32-33製作紅麴酥皮。
• 將擠花袋分別裝上圓形花嘴（擠麵糊）、菊花花嘴（擠餡）。

[材料]（25個份）

泡芙麵糊

A | 無鹽奶油——125g
　 | 水——125g
　 | 鮮奶——125g
　 | 細砂糖——5g
　 | 海鹽——2.5g
B | 全蛋——250g
　 | 低筋麵粉——150g
　 | 紅麴粉——20g

紅麴酥皮

細砂糖——150g
奶油——100g
全蛋——30g
杏仁粉——100g
低筋麵粉——100g
紅麴粉——15g

巧克力香緹餡

黑巧克力——70g
吉利丁片——6g
鮮奶油——230g
細砂糖——15g
橙酒——20g

裝飾用

玫瑰花瓣
草莓、鏡面果膠
銀色珍珠球

[作法]

1 紅麴酥皮。奶油、細砂糖攪拌至乳霜狀，加入蛋液攪拌均勻，再加入粉類攪拌混合均勻成團，分成3等份，搓揉成長條狀，用保鮮膜覆蓋，冷凍約4小時，切成厚約0.5cm薄片。

2 製作泡芙麵糊。將材料A、紅麴粉加熱煮沸。參照P16-19 作法1-10 的要領，製作泡芙麵糊。

3 擠麵糊。將麵糊裝在擠花袋裡，在鋪好烤焙布的烤盤中，相間隔約2cm，擠出直徑約4cm的圓形麵糊，表面鋪蓋紅麴酥皮。

4 烘烤。以上火170℃／下火170℃（旋風烤箱175℃），烤約30-35分鐘，至麵糊膨脹、呈金黃色。

5 巧克力香緹餡。將黑巧克力隔水融化，加泡軟的吉利丁拌勻，待稍冷卻。

6 將鮮奶油分次加入細砂糖攪拌打發，加入橙酒拌勻。再加入 作法5 中混合拌勻即可。

7 填內餡、組合裝飾。將泡芙從上方約1/3高處橫剖切開，在底座擠入巧克力香緹餡，再將上層泡芙蓋朝下鋪放、擠上香緹餡，分別由三側邊擺放玫瑰花瓣，放上草莓、刷上鏡面果膠即可。

Earl Grey Cream Puff
伯爵巧克力泡芙

充分發揮將伯爵茶的香氣，外皮吃得到淡淡的茶香，
4圓球的造型組合搭配甘那許與莓果，別有特殊的風味。

[材料]（6組）

泡芙麵糊

A	無鹽奶油 —— 125g
	水 —— 125g
	鮮奶 —— 125g
	細砂糖 —— 5g
	海鹽 —— 2.5g
B	全蛋 —— 250g
	低筋麵粉 —— 150g
	伯爵茶粉 —— 6g

原味酥皮

細砂糖 —— 150g
奶油 —— 100g
全蛋 —— 30g
杏仁粉 —— 100g
低筋麵粉 —— 100g

草莓巧克力甘那許

A	草莓果泥 —— 240g
	細砂糖 —— 40g
	鮮奶油 —— 75g
	葡萄糖漿 —— 60g
B	黑巧克力（60%）—— 480g
	無鹽奶油 —— 40g

裝飾用

黑草莓、紅醋栗、薄荷葉、糖粉

・將擠花袋分別裝上圓形花嘴（擠麵糊）、菊花花嘴（擠餡）。

[作法]

1 原味酥皮。奶油、細砂糖攪拌至乳霜狀，加入蛋液攪拌均勻，再加入粉類攪拌混合均勻成團，分成3等份，搓揉成長條狀，用烤焙紙包捲好，冷凍約4小時，切成厚約0.5cm薄片。

2 製作泡芙麵糊。將材料A、伯爵茶粉加熱煮沸。參照P16-19 作法1-10 的要領，製作泡芙麵糊。

> 伯爵茶粉研磨成細末後直接即可使用。

3 擠麵糊。將麵糊裝在擠花袋裡，在鋪好烤焙布的烤盤中，擠出4個直徑約4cm的圓形麵糊（相間約0.3cm），表面鋪蓋原味酥皮，稍按壓。

4 烘烤。以上火170℃／下火170℃（旋風烤箱175℃），烤約30-35分鐘，至麵糊膨脹、呈金黃色。

5 草莓巧克力甘那許。將果泥、細砂糖、葡萄糖漿加熱拌勻融化，加入鮮奶油拌煮（約70℃），離火。

6 將 作法5 加入巧克力中攪拌融化，待降溫（約55℃），加入奶油，放入均質機中混合均勻，待冷卻即可。

7 填內餡、組合裝飾。將泡芙從上方約1/3高處橫剖切開，在底座擠入內餡，擺放上草莓片，再擠上內餡，覆蓋上層泡芙皮，灑上糖粉，用紅醋栗及薄荷葉點綴。

Chocolate Puff

貝蕾克可可泡芙

濃郁的可可泡芙外皮，添加堅果碎、可可餅屑，
香氣口感加倍！搭配濃厚的巧克力餡，無比奢華，絕配！

[事前準備]
· 將擠花袋分別裝上圓形花嘴（擠麵糊）、菊花花嘴（擠餡）。
· 參見P25製作巧克力甘那許(也可用巧克力醬代替)。

[材料]（25個份）

泡芙麵糊

A | 無鹽奶油 —— 125g
　 水 —— 125g
　 鮮奶 —— 125g
　 細砂糖 —— 5g
　 海鹽 —— 2.5g
B | 全蛋 —— 250g
　 低筋麵粉 —— 150g
　 可可粉 —— 13g

可可酥餅

無鹽奶油 —— 92g
細砂糖 —— 92g
低筋麵粉 —— 160g
可可粉 —— 4g

巧克力卡士達餡

A | 鮮奶 —— 500g
　 蛋黃 —— 90g
　 細砂糖 —— 75g
　 玉米粉 —— 30g
B | 鮮奶油 —— 100g
　 巧克力（60%） —— 210g
　 無鹽奶油 —— 100g

裝飾用

巧克力甘那許→參見P25
杏仁角（烤過）
糖粉、可可粉

[作法]

1　可可酥餅。奶油、細砂糖攪拌至乳霜狀，加入低筋麵粉、可可粉攪拌混合均勻成團，分切成小團、稍按壓成圓扁片狀，以上火175℃／下火175℃，烤約20分鐘，放涼、壓碎備用。

2　製作泡芙麵糊。將材料A、可可粉加熱煮沸。參照P16-19 作法1-10 的要領，製作泡芙麵糊。

可可粉先與材料A一起煮勻能提增香氣風味。

3　擠麵糊、烘烤。參照P16-19 作法11-14 的要領。

4　巧克力卡士達餡。參照P24作法。將奶油、鮮奶油、鮮奶攪拌混合，加熱煮至沸騰。

5　將蛋黃、細砂糖、玉米粉混合均勻，再沖入 作法4 攪拌混合。

6　開小火再加熱約2分鐘至沸騰呈濃稠狀，加入巧克力混合拌勻至完全乳化，倒入盛皿中攤平，表面覆蓋保鮮膜，冷藏。

7　取巧克力卡士達餡（200g），打發鮮奶油（50g）拌勻即可。

8　填內餡、組合裝飾。在泡芙底部用擠花嘴戳洞，擠入內餡，表面淋上巧克力甘那許，沾裹上壓碎的可可酥餅、杏仁角，用紅醋栗點綴，最後篩入糖粉、可可粉即可。

Parmesan Cheese Puff

起司蕾絲泡芙

利用微波融化的起司，趁熱壓塑出圓片烤製而成，
蕾絲般的網狀紋路，加上特殊的香氣及口感，
圓鼓金色造型相當別緻討喜。

[事前準備]

· 將擠花袋裝上圓形花嘴（擠麵糊、擠餡）。
· 參見P13-15製作巧克力飾片。

[材料]（25個份）

泡芙麵糊

A | 無鹽奶油──125g
　 | 水──125g
　 | 鮮奶──125g
　 | 細砂糖──5g
　 | 海鹽──2.5g

B | 全蛋──250g
　 | 低筋麵粉──150g
　 | 帕馬森起司粉──13g
　 | 黑胡椒──適量

C | 帕馬森起司粉──適量

起司奶油餡

奶油起司──30g
糖粉──40g
接骨木糖漿──20g
鮮奶油──60g
檸檬皮屑──6g
櫻桃白蘭地──6g

裝飾用

草莓、彩色珍珠球
巧克力飾片

[作法]

1 製作泡芙麵糊。參照P16-19 作法1-10 的要領，製作泡芙麵糊。

2 擠麵糊。將麵糊裝在擠花袋裡，在鋪好烤焙布的烤盤中，相間隔約2cm，擠出直徑約4cm的圓形麵糊。

（微波加熱後）

3 起司網片。在圓形模框（直徑約6cm）中倒入帕瑪森起司粉、鋪平微波加熱約5秒至融化，形成圓形網片，蓋在泡芙麵糊表面。

4 烘烤。以上火170℃／下火170℃（旋風烤箱175℃），烤約30-35分鐘，至麵糊膨脹、呈金黃色。

5 起司奶油餡。將奶油起司、糖粉、糖漿攪拌鬆軟，加入其他材料混合拌勻即可。

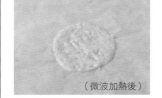

6 填內餡、組合裝飾。在泡芙底部用擠花嘴戳洞，擠入內餡，在表面用起司奶油餡擠上奶油花飾，頂層用草莓、珍珠糖、巧克力飾片裝點即可。

Dreamy Orange Cream Puff

橙香泡芙

討喜的圓滾外殼，鑲填濃厚的柳橙風味奶油餡，
加上糖漬橘皮點綴，優雅清香的香氣，十足的夢幻風情。

[事前準備]

· 參見P32-33製作胡蘿蔔酥皮。
· 將擠花袋裝上圓形花嘴（擠麵糊、擠餡）。

[材料]（25個份）

泡芙麵糊

A | 無鹽奶油 —— 125g
水 —— 125g
鮮奶 —— 125g
細砂糖 —— 5g
海鹽 —— 2.5g

B | 全蛋 —— 250g
低筋麵粉 —— 150g
胡蘿蔔粉 —— 18g

胡蘿蔔酥皮

細砂糖 —— 150g
奶油 —— 100g
全蛋 —— 30g
杏仁粉 —— 100g
低筋麵粉 —— 100g
胡蘿蔔粉 —— 15g

柳橙風味奶油餡

鮮奶油 —— 230g
吉利丁片 —— 6g
白巧克力 —— 100g
香葵克 —— 25g
鮮奶油 —— 200g

裝飾用

巧克力飾片、金箔
糖漬橘皮

[作法]

1 胡蘿蔔酥皮。奶油、細砂糖攪拌至乳霜狀，加入蛋液攪拌均勻，再加入粉類攪拌混合均勻成團，分成3等份，搓揉成長條狀，用烤焙紙包捲好，冷凍約4小時，切成厚約0.5cm薄片。

2 製作泡芙麵糊。將材料A、胡蘿蔔粉加熱煮沸。參照P16-19 作法1-10 的要領製作泡芙麵糊。

3 擠麵糊。將麵糊裝在擠花袋裡，在鋪好烤焙布的烤盤中，相間隔約2cm，擠出直徑約4cm的圓形麵糊，表面鋪蓋胡蘿蔔酥皮。

4 烘烤。以上火170℃／下火170℃（旋風烤箱175℃），烤約30-35分鐘，至麵糊膨脹、呈金黃色。

5 柳橙風味奶油餡。鮮奶油（230g）與吉利丁片浸泡軟化。

6 白巧克力隔水融化，加入香葵克拌勻，待稍冷卻，加入 作法5 拌勻，最後加入煮沸的鮮奶油拌勻即可。

7 填內餡、組合裝飾。將泡芙從上方處橫剖切開，在底座擠入奶油餡，在圓周處插置巧克力飾片，放上蜜漬橘皮丁，再將上層泡芙蓋用花樣模型壓小圓片、覆蓋上，頂端用金箔裝點即可。

Rye Party Puff

黑爵裸麥泡芙

添加裸麥粉、可可粉與低筋麵粉搭配，表層撒上少量穀物，
提升層次口感，形成別具風味的酥脆外皮。

[事前準備]

· 將擠花袋分別裝上圓形（擠麵糊）、菊花花嘴（擠餡）。
· 參見P24製作巧克力卡士達餡。

[材料]（25個份）

泡芙麵糊

A | 無鹽奶油 —— 125g
  | 水 —— 125g
  | 鮮奶 —— 125g
  | 細砂糖 —— 5g
  | 海鹽 —— 2.5g

B | 全蛋 —— 250g
  | 低筋麵粉 —— 120g
  | 裸麥粉 —— 50g
  | 可可粉 —— 5g

C | 裝飾穀粒 —— 適量

巧克力卡士達餡

A | 鮮奶 —— 500g
  | 蛋黃 —— 90g
  | 細砂糖 —— 75g
  | 玉米粉 —— 30g

B | 鮮奶油 —— 100g
  | 巧克力（60%）—— 210g
  | 無鹽奶油 —— 100g

裝飾用

裝飾穀粒、糖粉

[作法]

1 製作泡芙麵糊。將材料A、可可粉加熱煮沸。參照P16-19 作法1-10 的要領，製作泡芙麵糊。

2 擠麵糊。將麵糊裝在擠花袋裡，在鋪好烤焙布的烤盤中，相間隔約2cm，擠出直徑約4cm的圓形麵糊，表面灑上裝飾穀粒。

3 烘烤。以上火170℃／下火170℃（旋風烤箱175℃），烤約30-35分鐘，至麵糊膨脹、呈金黃色。

4 巧克力卡士達餡。參照P24作法。將奶油、鮮奶油、鮮奶攪拌混合，加熱煮至沸騰。

5 將蛋黃、細砂糖、玉米粉混合均勻，再沖入 作法4 攪拌混合。

6 開小火再加熱約2分鐘至沸騰呈濃稠狀，加入巧克力混合拌勻至完全乳化，倒入盛皿中攤平，表面覆蓋保鮮膜，冷藏。

7 取巧克力卡士達餡（200g）、打發鮮奶油（50g）拌勻即可。

8 填內餡、組合裝飾。將泡芙從上方1/2處橫剖切開，在底座擠入內餡，覆蓋上層泡芙皮，表面篩入灑上糖粉即可。

Hazelnut Cream Puff

巴黎榛果泡芙

混合榛果粉提升麵糊風味，搭配榛果奶油餡，
雙倍的堅果風味，濃厚的香氣與口感，滑順滋味令人難以抗拒。

[事前準備]

・參見P22製作義大利奶油餡。
・參見P13-15製作巧克力飾片。
・將擠花袋分別裝上圓形花嘴（擠麵糊、表面）、菊花花嘴（擠餡）。

[材料] （25個份）

泡芙麵糊

A | 無鹽奶油──125g
　 水──125g
　 鮮奶──125g
　 細砂糖──5g
　 海鹽──2.5g
B | 全蛋──250g
　 低筋麵粉──150g
　 榛果粉──30g
C | 榛果粉──適量

榛果奶油餡

義大利奶油餡→參見P22
──200g
無糖榛果醬──100g

裝飾用

榛果粒（烤過）
巧克力飾片

[作法]

1　製作泡芙麵糊。參照
　P16-19 作法1-10 的要
　領，製作泡芙麵糊。

2　擠麵糊。將麵糊裝在
　擠花袋裡，在鋪好烤
　焙布的烤盤中，相間隔約
　2cm，擠出直徑約4cm的
　圓形麵糊，表面沾上榛果
　粉。

3　烘烤。以上火170℃
　／下火170℃（旋
　風烤箱175℃），烤約
　30-35分鐘，至麵糊膨
　脹、呈金黃色。

4　榛果奶油餡。將義大
　利奶油餡加入無糖榛
　果醬混合拌勻即可。

5　填內餡、組合裝飾。
　將泡芙從上方約1/3高
　處橫剖切開，在底座擠入
　榛果奶油餡，覆蓋上層泡
　芙，周圍放上榛果粒，表
　面層擠上水滴狀奶油餡，
　用巧克力飾片裝飾即可。

Chouquette

珍珠糖小泡芙

美味全由泡芙外殼展現的皇室級小泡芙！
以法國粉調製麵糊，蓬鬆的酥皮點綴珍珠糖，
搭配檸檬芒果甘那許餡，清新香氣與酥脆口感，
大小朋友都喜愛。

[事前準備]

・參見P25製作甘那許。

・參見P13-15製作捏塑翻糖飾片。

・將擠花袋分別裝上圓形花嘴（擠麵糊、擠餡）、菊花花嘴（裝飾）。

[材料]（25個份）

泡芙麵糊

A | 無鹽奶油 — 100g
  | 水 — 125g
  | 鮮奶 — 125g
  | 細砂糖 — 5g
  | 海鹽 — 2.5g

B | 全蛋 — 250g
  | 法國粉 — 150g
  | 黃檸檬皮屑 — 15g

黃檸檬芒果甘那許

A | 黃檸檬果泥 — 120g
  | 芒果果泥 — 120g
  | 細砂糖 — 40g
  | 鮮奶油 — 75g
  | 葡萄糖漿 — 60g

B | 黑巧克力（60%）— 480g
  | 無鹽奶油 — 40g

裝飾用

珍珠糖（細顆粒）
彩色珍珠粒

[作法]

1　製作泡芙麵糊。參照P16-19 作法1-10 的要領，製作泡芙麵糊。

2　擠麵糊。將麵糊裝在擠花袋裡，在鋪好烤焙布的烤盤中，相間隔約2cm，擠出直徑約4cm的圓形麵糊，表面灑上細粒珍珠糖。

3　烘烤。以上火170℃／下火170℃（旋風烤箱175℃），烤約30-35分鐘，至麵糊膨脹、呈金黃色。

4　黃檸檬芒果甘那許。將果泥、細砂糖、葡萄糖漿加熱拌勻融化，加入鮮奶油拌煮（約70℃），離火。

5　將 作法4 加入巧克力中攪拌融化，待降溫（約55℃），加入奶油，放入均質機中充分混合攪拌均勻，待冷卻即可。

6　填內餡、組合裝飾。泡芙底部用擠花嘴戳洞，擠入內餡，表面用甘那許擠上花飾，鋪放上捏塑翻糖飾片，頂層用珍珠粒點綴即可。

捏塑翻糖裝飾技法

用白色捏塑翻糖調染出所需的顏色，擀成均勻片狀，再利用各式壓塑模型壓整出花飾造型即可。

Crunchy Cream Puff

雙色酥菠蘿泡芙

以高粉來製作泡芙外皮，更添酥脆口感，
加上雙色酥菠蘿外皮，絕色的口感風味搭配。

[事前準備]

· 參見P40製作雙色酥菠蘿皮。
· 參見P24製作卡士達奶油餡。
· 將擠花袋裝上圓形花嘴（擠麵糊、擠餡）。

[材料]（15個份）

泡芙麵糊

A | 無鹽奶油 —— 120g
  | 水 —— 120g
  | 鮮奶 —— 180g
  | 細砂糖 —— 5g
  | 海鹽 —— 1g

B | 全蛋 —— 300g
  | 高筋麵粉 —— 180g

卡士達奶油餡

卡士達奶油→參見P24
—— 200g
打發鮮奶油 —— 50g

雙色酥菠蘿

A | 細砂糖 —— 70g
  | 無鹽奶油 —— 50g
  | 高筋麵粉 —— 50g
  | 杏仁粉 —— 50g
  | 綠色色粉 —— 4g

B | 細砂糖 —— 70g
  | 無鹽奶油 —— 50g
  | 高筋麵粉 —— 50g
  | 杏仁粉 —— 50g
  | 紅色色粉 —— 4g

裝飾用

捏塑翻糖飾片
彩色珍珠球

[作法]

1 雙色酥菠蘿。細砂糖、奶油攪拌至乳霜狀，加入粉料混合拌勻成團，加入色素拌勻，做出二種顏色麵團。

2 將二種麵團揉成長條狀，對半切，各取一色拼合成雙色圓條狀，搓揉勻成長條狀，用烤焙紙包捲好，冷凍約4小時，切成厚約0.5cm片狀。

3 製作泡芙麵糊。參照 P16-19 作法1-10 的要領，製作泡芙麵糊。

4 擠麵糊。將麵糊裝在擠花袋裡，在鋪好烤焙布的烤盤中，相間隔約2cm，擠出直徑約4cm的圓形麵糊，表面蓋上雙色酥菠蘿。

5 烘烤。以上火170℃／下火170℃（旋風烤箱175℃），烤約30-35分鐘，至麵糊膨脹、呈金黃色。

6 卡士達奶油餡。取卡士達餡（200g）加入打發鮮奶油（50g）拌勻。

7 填內餡、組合裝飾。泡芙底部用擠花嘴戳洞，擠入內餡，表面擠上少許奶油餡、黏貼上翻糖飾片，頂層用珍珠粒點綴，篩灑上糖粉即可。

Cheese Cream Puff

糖霜火山泡芙

以鮮奶完全取代水的部分製作泡芙外皮，更添濃醇香，
外層塗抹瑞士蛋白霜，炙燒上烤色，營造出不同的亮澤質感。

[事前準備]

· 將擠花袋裝上圓形花嘴（擠麵糊、擠餡）。
· 準備噴火槍。

[材料]（25個份）

泡芙麵糊

A	無鹽奶油 —— 125g
	鮮奶 —— 240g
	細砂糖 —— 5g
	海鹽 —— 2g
B	全蛋 —— 250g
	低筋麵粉 —— 150g
	竹炭粉 —— 8g

起司奶油餡

奶油起司 —— 30g
糖粉 —— 40g
接骨木糖漿 —— 20g
鮮奶油 —— 60g
檸檬皮屑 —— 6g
櫻桃白蘭地 —— 6g

瑞士蛋白霜

蛋白 —— 90g
細砂糖 —— 135g

裝飾用

杏仁片（烤過）、糖粉

[作法]

1 瑞士蛋白霜。蛋白、
細砂糖隔水加熱至
60℃後，攪拌打發至硬挺
狀態，備用。

瑞士蛋白霜可用火槍燒烤後
裝飾使用。

2 製作泡芙麵糊。將
材料A、竹炭粉一
起加熱煮沸。參照P16-
19 作法1-10 的要領，製作
泡芙麵糊。

3 擠麵糊。將麵糊裝在
擠花袋裡，在鋪好烤
焙布的烤盤中，相間隔約
2cm，擠出直徑約4cm的
圓形麵糊。

4 烘烤。以上火170℃
／下火170℃（旋
風烤箱175℃），烤約
30-35分鐘，至麵糊膨
脹、呈金黃色。

5 起司奶油餡。將奶油
起司、糖粉、糖漿攪
拌鬆軟，加入其他材料混
合拌勻即可。

6 填內餡、組合裝飾。
　泡芙底部用擠花嘴戳
洞，擠入內餡，在表面擠
上蛋白糖霜，用抹刀輕輕
拉出尖角狀，再用噴火槍
略炙燒上色，放上烤過的
杏仁片，篩入糖粉即可。

Whole Wheat Cream Puff
珍穀燕麥泡芙

擠出圓滾的外形，再撒上即溶燕麥片來烘烤，
內餡填滿濃醇滑順甘那許，相當速配的口感風味。

[事前準備]

・將擠花袋分別裝上圓形花嘴（擠麵糊）、菊花花嘴（擠餡）。
・參見P13-15製作捏塑翻糖飾片、巧克力飾片。

[材料]（25個份）

泡芙麵糊

A | 無鹽奶油——125g
　| 水——125g
　| 鮮奶——125g
　| 細砂糖——5g
　| 海鹽——2.5g
B | 全蛋——250g
　| 低筋麵粉——150g
　| 即溶燕麥片——75g
C | 即溶燕麥片——適量

覆盆子巧克力甘那許

A | 覆盆子果泥——240g
　| 細砂糖——40g
　| 鮮奶油——75g
　| 葡萄糖漿——60g
B | 黑巧克力（60%）——480g
　| 無鹽奶油——40g

裝飾用

捏塑翻糖飾片、珍珠球
巧克力飾片

[作法]

1　製作泡芙麵糊。將材料A、燕麥片加熱煮沸。參照P16-19 作法1-10 的要領，製作泡芙麵糊。

2　擠麵糊。將麵糊裝在擠花袋裡，在鋪好烤焙布的烤盤中，相間隔約2cm，擠出直徑約4cm的圓形麵糊，表面沾上燕麥片。

3　烘烤。以上火170℃／下火170℃（旋風烤箱175℃），烤約30-35分鐘，至麵糊膨脹、呈金黃色。

4　覆盆子巧克力甘那許。將果泥、細砂糖、葡萄糖漿加熱拌勻融化，加入鮮奶油拌煮（約70℃），離火。

5　將 作法4 加入巧克力中攪拌融化，待降溫（約55℃），加入奶油，放入均質機中混合均勻，待冷卻即可。

6　填內餡、組合裝飾。將泡芙從上方約1/3高處橫剖切開，在底座擠入內餡，鋪放方形巧克力飾片，再擠上內餡花飾；將上層泡芙的頂層用巧克力飾片裝飾，覆蓋組合即可。

CheesePastry Puff

起酥寶盒泡芙

在起酥片中擠上泡芙麵糊，包覆起來烘烤，
酥香爽脆的外皮與蓬鬆泡芙皮，雙層的口感風味，
搭配香濃奶油餡及豐富水果，宛如水果珠寶盒。

· 參見P16-19製作泡芙麵糊。

· 將擠花袋裝上圓形花嘴（擠麵糊、擠餡）。

＊市售起酥片裁切成方片（8cm×8cm）。

[材料]（25個份）

泡芙麵糊

A | 無鹽奶油 —— 125g
　| 水 —— 125g
　| 鮮奶 —— 125g
　| 細砂糖 —— 5g
　| 海鹽 —— 2.5g

B | 全蛋 —— 250g
　| 低筋麵粉 —— 150g
　| 蜂蜜丁（切細碎） —— 50g

C | 起酥片 —— 25片

開心果風味奶油餡

鮮奶油 —— 230g
吉利丁片 —— 6g
白巧克力 —— 100g
開心果醬 —— 60g
鮮奶油 —— 200g

裝飾用

全蛋液、糖粉
水果、巧克力飾片
金箔

[作法]

1 　製作泡芙麵糊。參照P16-19 作法1-10 的要領，製作泡芙麵糊。

2 　擠麵糊。將起酥片裁成8cm×8cm方片狀，表面刷上全蛋液。將麵糊裝在擠花袋裡，在起酥片上，擠出直徑約4cm的圓形麵糊，再將起酥片左右覆蓋、上下翻折完全包覆、捏緊，相間隔放置烤盤。

3 　烘烤。以上火170℃／下火170℃（旋風烤箱175℃），烤約30-35分鐘，至麵糊膨脹、呈金黃色。

4 　開心果風味奶油餡。鮮奶油230g與吉利丁片浸泡軟化。

5 　將白巧克力隔水融化，加入開心果醬拌勻，待稍冷卻，加入 作法4 拌勻，最後加入煮沸的鮮奶油拌勻即可。

6 　填內餡、組合裝飾。泡芙表面用擠花嘴戳洞，擠入內餡，表層擠上奶油花飾，擺放上水果，灑上防潮糖粉，用巧克力飾片點綴。

Éclairs

繽紛時尚的
閃電泡芙

Éclairs法文叫作閃電，中文譯為閃電泡芙，
源於甜點美味，讓人能瞬時吃光，快如閃電而得名。
長形泡芙的理想尺寸約在13-15cm、寬3cm，
表層糖面除了常見巧克力，繽紛的糖霜彩飾，
更有因應時令、節慶變化的各式花樣，
多樣的風味與繽紛裝飾有如精品，儼已為時尚點心代名詞！

Strawberry Éclair
夢幻之星閃電泡芙

輕盈爽脆的長條泡芙，填入酸味與甜味比例調的剛好的奶油餡，
濃郁香醇的內餡，豐腴香酥的口感，絕妙平衡好滋味！

[事前準備]

· 參見P16-19製作泡芙麵糊。
· 參見P36-37製作草莓奶油餡。
· 將擠花袋分別裝上菊花花嘴（擠麵糊）、圓形花嘴（擠餡）。

[材料]（12個份）

泡芙麵糊

基本泡芙麵糊→參見P16

草莓風味奶油餡

鮮奶油——230g
吉利丁片——6g
白巧克力——100g
草莓糖漿——60g
鮮奶油——200g

裝飾用

珍珠球、巧克力飾片
乾燥覆盆子碎

[作法]

1 製作泡芙麵糊。參照P16-19 作法1-10 的要領，製作泡芙麵糊。

2 擠麵糊。將麵糊裝在擠花袋裡，在鋪好烤焙布的烤盤中，相間隔約2cm，擠出長約7-8cm長條形。

3 烘烤。以上火170℃／下火170℃（旋風烤箱175℃），烤約30-35分鐘，至麵糊膨脹、呈金黃色。

4 草莓風味奶油餡。鮮油奶230g與吉利丁片浸泡軟化。

5 白巧克力隔水融化，加入草莓糖漿，以及 作法4 拌勻，待稍冷卻，最後加入煮沸的鮮奶油拌勻即可。

6 填內餡、組合裝飾。將泡芙從上方約1/3高處橫剖切開，在底座擠入奶油餡，放入珍珠球、乾燥覆盆子碎，用巧克力飾片點綴即可。

翻糖的保存

書中使用的淋面翻糖為市售翻糖,隔水加熱融化後即可使用,淋面翻糖可利用冷開水來調整軟硬度,不用的翻糖記得要密封好避免乾燥。

Caroline Mini Éclair
粉彩凱洛琳泡芙

Caroline，迷你的彩色長條泡芙，填入風味濃郁的奶油內餡，
表面披覆亮澤感十足的彩色翻糖，看起來十分嬌俏可愛！

[事前準備]

· 參見P16-19製作泡芙麵糊。
· 參見P24製作卡士達奶油餡。
· 將擠花袋分別裝上菊花花嘴（擠麵糊）、圓
  形花嘴（擠餡）。

[材料]（20個份）

泡芙麵糊

基本泡芙麵糊→參見P16

卡士達奶油餡

卡士達奶油餡→參見P24
——200g
打發鮮奶油——50g

裝飾用

翻糖（白、粉紅、黃）
珍珠粒、捏塑翻糖花
乾燥覆盆子碎、開心果碎

[作法]

1　製作泡芙麵糊。參照
　　P16-19 作法1-10 的要
　　領，製作泡芙麵糊。

2　擠麵糊。將麵糊裝在
　　擠花袋裡，在鋪好烤
　　焙布的烤盤中，相間隔約
　　2cm，擠出長約5cm的長
　　形麵糊。

3　烘烤。以上火170℃／
　　下火170℃（旋風烤
　　箱175℃），烤約30-35分
　　鐘，至麵糊膨脹、呈金黃
　　色。

4　內餡。卡士達餡加入
　　打發鮮奶油拌勻即
　　可。

5　填內餡、組合裝飾。
　　在泡芙底部用擠花嘴
　　戳2個洞，擠入內餡，表
　　面分別沾裹上粉紅、或白
　　色、或黃色翻糖，用手指
　　刮邊緣抹掉多餘的翻糖整
　　形，放上捏塑翻糖花、灑
　　上堅果碎等裝飾即可。

Strawberry Rose Éclair

紅色情迷閃電泡芙

艷紅的色調與討喜的玫瑰、莓果搭配，提引出優雅的花果香氣，
滑順濃醇的草莓檸檬餡、迷人的香氣風味，宛如華麗的美味饗宴。

[事前準備]

· 參見P16-19製作泡芙麵糊。
· 將擠花袋裝上菊花花嘴（擠麵糊、擠餡）。

[材料]（12個份）

泡芙麵糊

紅麴泡芙麵糊→參見P38

草莓檸檬餡

鮮奶油──230g
吉利丁片──6g
白巧克力──150g
草莓糖漿──100g
檸檬汁──20g
鮮奶油──200g

裝飾用

玫瑰花瓣、紅醋栗
覆盆子、藍莓
開心果碎

[作法]

1 製作泡芙麵糊。將材料A、紅麴粉加熱煮沸。參照P16-19 作法1-10 的要領，製作泡芙麵糊。

2 擠麵糊。將麵糊裝在擠花袋裡，在鋪好烤焙布的烤盤中，相間隔約2cm，擠出長約8cm長條形，將花嘴往回拉些收尾，用手指稍整平痕跡。

3 烘烤。以上火170℃／下火170℃（旋風烤箱175℃），烤約30-35分鐘，至麵糊膨脹、呈金黃色。

4 草莓檸檬餡。鮮油奶230g與吉利丁片浸泡軟化。

5 白巧克力隔水融化，加入草莓糖漿、作法4 拌勻、檸檬汁，待稍冷卻，最後加入煮沸的鮮奶油拌勻即可。

草莓糖漿也可以改用玫瑰醬100g，製作成玫瑰檸檬餡。

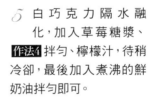

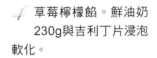

6 填內餡、組合裝飾。將泡芙從上方約1/2高處橫剖切開，在底座擠入內餡，並將上層泡芙皮表面朝下鋪放，再擠上內餡，在兩側邊交錯地擺放上玫瑰花瓣、莓果及開心果碎裝點即可。

Passion Fruit Éclair
熱情果閃電泡芙

以相襯的橘色翻糖披覆，做出美麗色彩的表層點綴，
在內餡中添加百香果泥，帶有濃厚果香的夏日泡芙。

[事前準備]

· 參見P16-19製作泡芙麵糊。

· 將擠花袋分別裝上菊花花嘴（擠麵糊）、圓形花嘴（擠餡）。

· 參見P13-15製作捏塑翻糖花、橘色翻糖。

[材料]（12個份）

泡芙麵糊

基本泡芙麵糊→參見P16

百香果風味奶油餡

鮮奶油 —— 230g

吉利丁片 —— 6g

白巧克力 —— 150g

百香果果泥 —— 100g

鮮奶油 —— 200g

裝飾用

橘色翻糖、捏塑翻糖小花

珍珠糖、珍珠球

紅醋栗、百香果碎、開心果碎

鏡面果膠

[作法]

1 製作泡芙麵糊。參照P16-19 作法1-10 的要領，製作泡芙麵糊。

2 擠麵糊。將麵糊裝在擠花袋裡，在鋪好烤焙布的烤盤中，相間隔約2cm，擠出長約7-8cm長條形。

3 烘烤。以上火170℃／下火170℃（旋風烤箱175℃），烤約30-35分鐘，至麵糊膨脹、呈金黃色。

4 百香果風味奶油餡。鮮油奶230g與吉利丁片浸泡軟化。

5 白巧克力隔水融化，加入果泥、 作法4 拌勻，待稍冷卻，最後加入煮沸的鮮奶油拌勻即可。

6 填內餡、組合裝飾。在泡芙底部用擠花嘴戳3個洞，擠入內餡。

7 將橘色捏塑翻糖擀成薄片狀，用橢圓模框壓出與長形泡芙相同長度的橘色翻糖片，覆蓋泡芙表面並用手指在邊緣塑整，再薄刷鏡面果膠，用捏塑翻糖花、紅醋栗、珍珠球、百香果碎及巧克力飾片裝飾即可。

Tropical Fruit Medley Éclair
加勒比七星閃電泡芙

利用不同的擠花方式，
將泡芙體變化成有型的七星型，
加上濃郁果香風味的奶油餡，
淋上焦糖醬，獨特的風味口感。

海鹽餅乾

材料：無鹽奶油75g、細砂糖70g、蛋黃40g、海鹽3g、低筋麵粉125g、泡打粉2g

作法：將奶油、細砂糖、海鹽攪拌至鬆發，分次加入蛋黃攪拌融合，再加入過篩的粉類拌勻，用塑膠袋包好，冷凍鬆弛約3小時，取出擀成厚約1cm的片狀，放入烤箱以上火170℃／下火170℃，烤約15分鐘至半熟狀，取出切成丁狀再回烤至熟即可。

[事前準備]

- 參見P16-19製作泡芙麵糊。
- 將擠花袋分別裝上菊花花嘴（擠麵糊）、圓形花嘴（擠餡）。
- 製作海鹽餅乾。

[材料]（10個份）

泡芙麵糊

基本泡芙麵糊→參見P16

加勒比風味奶油餡

鮮奶油──230g
吉利丁片──6g
白巧克力──150g
加勒比果泥──100g
檸檬皮屑──20g
鮮奶油──200g

焦糖醬

細砂糖──90g
鮮奶油──150g
香草莢──1支
肉桂棒──1/2支
八角──1個

裝飾用

杏仁角（烤過）、糖粉
海鹽餅乾（切丁）

[作法]

1 焦糖醬。將細砂糖放入鍋中小火加熱煮至焦化，再加入鮮奶油、八角、肉桂續煮至103℃。

2 製作泡芙麵糊。參照P16-19 作法1-10 的要領，製作泡芙麵糊。

3 擠麵糊。將麵糊裝在擠花袋裡，在鋪好烤焙布的烤盤中，相間隔約2cm，以畫y形連續擠出7個成形，表面灑上杏仁角。

4 烘烤。以上火170℃／下火170℃（旋風烤箱175℃），烤約30-35分鐘至麵糊膨脹、呈金黃色。

5 加勒比風味奶油餡。鮮油奶230g與吉利丁片浸泡軟化。

6 白巧克力隔水融化，加入果泥、作法5 拌勻，待稍冷卻，加入檸檬皮屑，最後加入煮沸的鮮奶油拌勻即可。

7 填內餡、組合裝飾。將泡芙從上方間處斜剖切開（不切斷），在底座擠入內餡，表面淋上焦糖醬，放上海鹽餅乾丁，灑上糖粉即可。

Blackcurrant Éclairs
黑櫻桃長泡芙

3個圓球體緊連成的長條形閃電泡芙裡，探出黑櫻桃內餡，
造型相當特別可愛，飽滿的內餡，香甜細微的滋味令人迷戀。

[事前準備]

· 參見P16-19製作泡芙麵糊。
· 將擠花袋分別裝上圓形花嘴（擠麵糊）、菊花花嘴（擠餡）。
· 參見P40-41製作原味酥皮。

[材料]（8個份）

泡芙麵糊

基本泡芙麵糊→參見P16

原味酥皮

細砂糖 —— 150g
奶油 —— 100g
全蛋 —— 30g
杏仁粉 —— 100g
低筋麵粉 —— 100g

黑醋栗風味奶油餡

鮮奶油 —— 230g
吉利丁片 —— 6g
白巧克力 —— 100g
黑醋栗糖漿 —— 60g
鮮奶油 —— 200g

裝飾用

黑櫻桃、糖粉

[作法]

1 原味酥皮。奶油、細砂糖攪拌至乳霜狀，加入蛋液攪拌均勻，再加入粉類攪拌混合均勻成團分成3等份，搓揉成長條狀，用烤焙紙包捲好，冷凍約4小時，切成厚約0.5cm薄片。

2 製作泡芙麵糊。參照P16-19 作法1-10 的要領，製作泡芙麵糊。

3 擠麵糊。將麵糊裝在擠花袋裡，在鋪好烤焙布的烤盤中，相間隔約2cm，擠出圓形麵糊3個直徑約4cm的圓形麵糊，表面蓋上原味酥皮。

4 烘烤。以上火170℃／下火170℃（旋風烤箱175℃），烤約30-35分鐘至麵糊膨脹、呈金黃色。

5 黑醋栗風味奶油餡。鮮奶油230g與吉利丁片浸泡軟化。

6 白巧克力隔水融化，加入黑醋栗糖漿拌勻，待稍冷卻加入 作法5 拌勻，最後加入煮沸的鮮奶油拌勻。

7 填內餡、組合裝飾。將泡芙從上方約1/3高處橫剖切開，在底座擠入內餡，蓋上上層泡芙皮，兩側鑲嵌入黑櫻桃，再灑上防潮糖粉即可。

Blackcurrant & Guimauve Éclair

黑醋栗棉花糖閃電泡芙

粉紫色散發濃郁香甜的奶油餡，加上棉花糖、雷根糖、珍珠粒，
繽紛色彩，果香系的風味組合，極具少女心的夢幻滋味。

[事前準備]

· 參見P16-19製作泡芙麵糊。
· 將擠花袋分別裝上菊花花嘴（擠麵糊）、扁平狀花嘴（擠餡）。

[材料]（12個份）

泡芙麵糊

巧克力泡芙麵糊→參見P42

黑醋栗風味奶油餡

鮮奶油——230g
吉利丁片——6g
白巧克力——100g
黑醋栗糖漿——60g
鮮奶油——200g

裝飾用

彩色珍珠粒、雷根糖
彩色棉花糖
巧克力飾片

[作法]

1　製作泡芙麵糊。參照P16-19 作法1-10 的要領，製作泡芙麵糊。

2　擠麵糊。將麵糊裝在擠花袋裡，在鋪好烤焙布的烤盤中，相間隔約2cm，擠出長約7-8cm長條形。

3　烘烤。以上火170℃／下火170℃（旋風烤箱175℃），烤約30-35分鐘，至麵糊膨脹、呈金黃色。

4　黑醋栗巧克力餡。鮮奶油230g與吉利丁片浸泡軟化。

5　將白巧克力隔水融化，加入黑醋栗糖漿拌勻，待稍冷卻，加入 作法4 拌勻，最後加入煮沸的鮮奶油拌勻即可。

6　填內餡、組合裝飾。將泡芙從上方約1/3高處橫剖切開，在底座擠入內餡，表層放上棉花糖、雷根糖、巧克力飾片，用珍珠粒點綴即可。

Chestnut Rum Éclair

秋栗蒙布朗閃電泡芙

以甜栗子餡華麗交織的蒙布朗閃電泡芙，十足飽滿的魅力，
層層的栗子餡表層，篩上糖粉宛如皚皚白雪，香甜細緻令人著迷！

[事前準備]

· 將擠花袋分別裝上菊花花嘴（擠麵糊）、蒙布朗花嘴（擠餡）。
· 參見P13-15製作巧克力飾片。

[材料]（12個份）

泡芙麵糊

A | 無鹽奶油 —— 125g
　| 水 —— 125g
　| 鮮奶 —— 125g
　| 細砂糖 —— 5g
　| 海鹽 —— 2.5g

B | 全蛋 —— 250g
　| 低筋麵粉 —— 150g
　| 糖漬栗子粒 —— 50g

栗子蘭姆餡

甜栗子餡 —— 200g
蘭姆酒 —— 10g

裝飾用

巧克力飾片
金箔、糖粉

[作法]

1 製作泡芙麵糊。參照
P16-19 作法1-10 的要
領，製作泡芙麵糊，再將
拌好的麵糊加入切碎的糖
漬栗子粒拌勻即可。

2 擠麵糊。將麵糊裝在
擠花袋裡，在鋪好烤
焙布的烤盤中，相間隔約
2cm，擠出長約7-8cm長
條形。

3 烘烤。以上火170℃／
下火170℃（旋風烤箱
175℃），烤約30-35分鐘
至麵糊膨脹、呈金黃色。

4 栗子蘭姆餡。將所有
材料混合拌勻即可。

5 填內餡、組合裝飾。
在泡芙底部用擠花嘴
戳3個洞，擠入內餡。

6 用蒙布朗花嘴在表面
以繞圈圈的方式擠上
栗子蘭姆餡，放上榛果粒
（或栗子粒），再插置巧克
力飾片，用金箔點綴，灑上
糖粉即可。

Chocolate Hazelnut Cream Éclair

占度亞榛果閃電泡芙

榛果風味泡芙體，淡淡堅果香氣夾著香濃滑順奶油餡，
表層沾覆香甜榛果淋醬，口感細膩滑順，
香氣逼人，極致奢華的味覺享受！

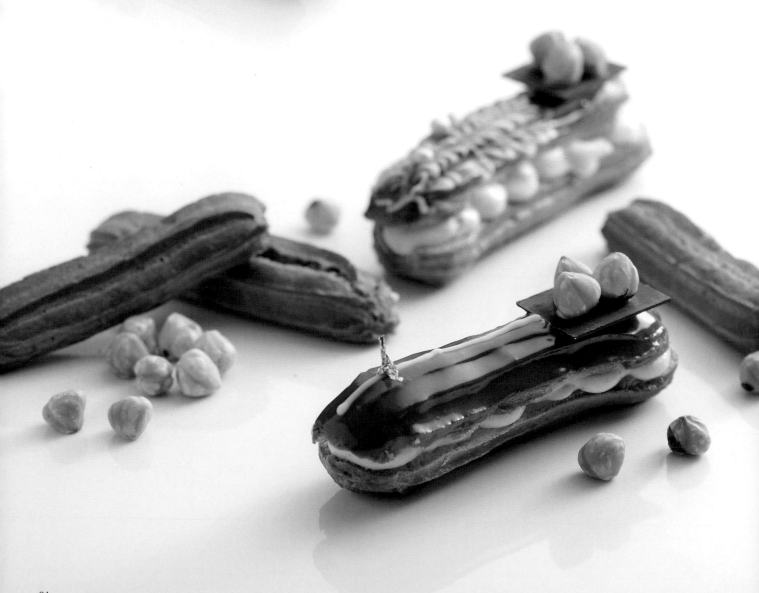

[事前準備]

· 參見P22製作義大利奶油餡。
· 將擠花袋分別裝上菊花花嘴（擠麵糊）、圓形花嘴（擠餡）。

[材料]（12個份）

泡芙麵糊

A | 無鹽奶油——125g
  | 水——125g
  | 鮮奶——125g
  | 細砂糖——5g
  | 海鹽——2.5g
B | 全蛋——250g
  | 低筋麵粉——150g
  | 榛果粉——30g

蜂蜜柚子奶油餡

義大利奶油餡→參見P22
——200g
蜂蜜柚子醬——100g

裝飾用

榛果醬、白巧克力
榛果粒（烤過）
巧克力飾片
金箔、堅果碎

[作法]

1 製作泡芙麵糊。參照P16-19 作法1-10 的要領，製作泡芙麵糊。

2 擠麵糊。將麵糊裝在擠花袋裡，在鋪好烤焙布的烤盤中，相間隔約2cm，擠出長約7-8cm長條形。

3 烘烤。以上火170℃／下火170℃（旋風烤箱175℃），烤約30-35分鐘，至麵糊膨脹、呈金黃色。

4 蜂蜜柚子奶油餡。將義大利奶油餡加入蜂蜜柚子醬混合拌勻即可。

A款

B款

5 填內餡、組合裝飾。將泡芙從上方約1/3高處橫剖切開，取上層泡芙皮沾裹榛果醬，在底座擠入內餡，蓋上上層泡芙皮，放上巧克力飾片、擺放上3顆榛果粒，再淋上白巧克力線條；或擠出連續的S線條，再擠出羽狀花紋，搭配金箔或珍珠粒點綴即可。

Nama Chocolate Éclair

生巧克力閃電泡芙

苦澀成熟滋味的生巧克力，搭配覆盆子甘那許內餡，
恰到好處的甜味與苦味交錯，
絕妙的濃醇香，品嚐得到質感與深度！

[事前準備]

・參見P16-19製作泡芙麵糊。

・將擠花袋分別裝上菊花花嘴（擠麵糊）、圓形花嘴（擠餡）。

・製作生巧力（沾可可粉）。

[材料]（12個份）

泡芙麵糊

巧克力泡芙麵糊→參見P42

覆盆子巧克力甘那許

A | 覆盆子果泥——240g
　　細砂糖——40g
　　鮮奶油——75g
　　葡萄糖漿——60g

B | 黑巧克力（60%）——480g
　　無鹽奶油——40g

裝飾用

生巧克力、金粉巧克力米
乾燥覆盆子碎

生巧克力

材料：

巧克力（55%）195g、鮮奶
油60g、鮮奶46g、葡萄糖漿
16g、可可脂19g、橄欖油19g

作法：

將鮮奶油、鮮奶加熱煮沸，
待稍降溫，加入葡萄糖漿、巧
克力拌勻，最後加入融化均
勻的可可脂與橄欖油拌勻，
倒入模型中，待冷卻定型，切
塊、沾裹可可粉即可。

[作法]

1 製作泡芙麵糊。參照
P16-19 作法1-10 的要
領，製作泡芙麵糊。

2 擠麵糊。將麵糊裝在
擠花袋裡，在鋪好烤
焙布的烤盤中，相間隔約
2cm，擠出長約7-8cm長
條形。

3 烘烤。以上火170℃／
下火170℃（旋風烤
箱175℃），烤約30-35分
鐘，至麵糊膨脹、呈金黃
色。

4 覆盆子巧克力甘那
許。將果泥、細砂
糖、葡萄糖漿加熱拌勻融
化，加入鮮奶油拌煮（約
70℃），離火。

5 將 作法4 加入巧克力
中攪拌融化，待降溫
（約55℃），加入奶油，
放入均質機中充分混合攪
拌均勻，待冷卻即可。

6 填內餡、組合裝飾。
在泡芙底部用擠花嘴
戳3個洞，擠入內餡，表
面沾裹勻巧克力甘那許。

7 巧克力米加入裝飾金
粉調勻，再沾裹上金
粉巧克力，最後將生巧克
力切丁沾裹勻可可粉，鋪
放表面裝飾即可。

Tiramisu Éclair

提拉米蘇可可閃電泡芙

巧克力風味的泡芙體，搭配口味清爽味道細膩的提拉米蘇餡，
表層灑上巧克力屑，層疊的滋味，享受濃情的經典好滋味！

[事前準備]

- 參見P16-19製作泡芙麵糊。
- 將擠花袋分別裝上菊花花嘴（擠麵糊）、圓形花嘴（擠餡）。
- 左側：圓形花嘴款，右側：菊花花嘴款。

[材料]（12個份）

泡芙麵糊

巧克力泡芙麵糊→參見P42

提拉米蘇餡

水 —— 35g
細砂糖 —— 50g
全蛋 —— 55g
吉利丁片 —— 5g
馬斯卡彭 —— 125g
打發鮮奶油 —— 125g

裝飾用

黑巧克力、巧克力飾片
巧克力煙卷、彩色珍珠粒
糖粉、可可粉

[作法]

1. 製作泡芙麵糊。參照
P16-19 作法1-10 的要
領，製作泡芙麵糊。

2. 擠麵糊。將麵糊裝在
擠花袋裡，在鋪好烤
焙布的烤盤中，相間隔約
2cm，擠出長約7-8cm長
條形。

3. 烘烤。以上火170℃／
下火170℃（旋風烤箱
175℃），烤約30-35分鐘
至麵糊膨脹、呈金黃色。

4. 提拉米蘇餡。將細
砂糖、水加熱煮至
115℃。將全蛋打發加入糖
漿繼續打發至產生光澤。

5. 將馬斯卡彭與打發鮮
奶油混合拌勻，再加
入 作法4 拌勻，加入融化
吉利丁拌勻即可。

6. 填內餡、組合裝飾。將
泡芙從上方約1/3高處
橫剖切開，在底座擠入內
餡，表面灑上黑巧克力屑，
先篩灑糖粉後再灑上可可
粉，用巧克力煙卷、巧克力
飾片點綴即可。

Chocolate And Caramel Éclair

萬那杜焦糖閃電泡芙

迷人的巧克力餡香味濃郁滑順，融合香甜的焦糖醬，
搭配酥鬆的泡芙體，多層次口感，甜而不膩的華麗甜點。

[事前準備]

· 參見P16-19製作泡芙麵糊。
· 將擠花袋裝上菊花花嘴（擠麵糊、擠餡）。
· 參見P86製作焦糖醬。

[材料] （12個份）

泡芙麵糊

巧克力泡芙麵糊→參見P42

萬那杜巧克力焦糖餡

A | 鮮奶油——500g
  | 葡萄糖漿——50g

B | 萬那杜牛奶巧克力——400g
  | 無鹽奶油——20g
  | 蘭姆酒——20g

裝飾用

迷你小泡芙→參見P16
焦糖醬→參見P86
珍珠粒

[作法]

1 製作泡芙麵糊。參照
  P16-19 作法1-10 的要
領，製作泡芙麵糊。

2 擠麵糊。將麵糊裝在
  擠花袋裡，在鋪好烤
焙布的烤盤中，相間隔約
2cm，擠出長約7-8cm長
條形。小泡芙的麵糊直徑
約0.7cm。

3 烘烤。以上火170℃／
  下火170℃（旋風烤
箱175℃），烤約30-35分
鐘，至麵糊膨脹、呈金黃
色。

4 萬那杜巧克力焦糖
  餡。鮮奶油、葡萄糖
漿加熱至微溫（70℃）。

5 將 作法4 加入巧克力
  中攪拌至融化，待稍
降溫（60℃），加入奶油
攪拌至完全乳化，加入蘭
姆酒拌勻至有光澤即可。

6 填內餡、組合裝飾。將
  泡芙從上方約1/3高處
橫剖切開，在底座擠入內
餡，蓋上上層泡芙皮。取小
泡芙表面沾裹巧克力，放
置長形泡芙表面，再淋上
焦糖醬，用珍珠粒、巧克力
飾片點綴即可。

Caramel Macchiato Éclair

瑪奇朵閃電泡芙

在帶有淡淡咖啡香的泡芙內，填入飽滿的義大利奶油餡，
表層再擠上濃厚的咖啡奶油餡，並以咖啡巧克力點綴其上，
充滿咖啡香氣及苦味的成熟風味。

[事前準備]

・參見P16-19製作泡芙麵糊。

・參見P22製作義大利奶油餡。

・將擠花袋裝上菊花花嘴（擠麵糊、擠餡）。

・參見P13-15製作巧克力飾片。

[材料]（12個份）

泡芙麵糊

咖啡泡芙麵糊→參見P32

咖啡奶油餡

義大利奶油餡→參見P22
——200g

咖啡濃縮精——20g

裝飾用

巧克力飾片

巧克力咖啡豆

咖啡巧克力土

咖啡巧克力土

材料：

細砂糖200g、水75g、白巧
克力（28%）80g、咖啡香精
15g

作法：

將細砂糖、水加熱至135℃，
加入白巧克力攪拌混合至收
乾呈乾鬆，如砂土質感的狀
態，再加入咖啡香精拌炒勻，
倒在烤焙紙上放涼即可。

[作法]

1 製作泡芙麵糊。參照
P16-19 作法1-10 的要
領，製作泡芙麵糊。

2 擠麵糊。將麵糊裝在
擠花袋裡，在鋪好烤
焙布的烤盤中，相間隔約
2cm，擠出長約7-8cm長
條形。

3 烘烤。以上火170℃／
下火170℃（旋風烤箱
175℃），烤約30-35分鐘
至麵糊膨脹、呈金黃色。

4 咖啡奶油餡。將義大
利奶油餡加入咖啡精
混合拌勻即可。

5 填內餡、組合裝飾。
在泡芙底部用擠花嘴
戳3個洞，擠入內餡，表
面擠上咖啡奶油餡，擺放
上巧克力飾片、咖啡巧克
力土、巧克力咖啡豆。

Chocolate Ganache Éclair
臻愛巧克力米果閃電泡芙

可可泡芙體夾著雙層的濃郁甘那許餡，濃郁香醇，
搭配巧克力米果香、紅醋栗、白巧克力屑，
散發著無可抵擋的誘人魅力，無比奢華的味蕾享受！

[事前準備]

· 參見P16-19製作泡芙麵糊。

· 參見P25製作巧克力甘那許。

· 將擠花袋分別裝上菊花花嘴（擠麵糊）、圓形花嘴（擠餡）。

· 參見P13-15製作巧克力飾片。

[材料]（12個份）

泡芙麵糊

巧克力泡芙麵糊→參見P42

巧克力甘那許

A	鮮奶油 ── 500g
	葡萄糖漿 ── 50g
B	黑巧克力（60%）── 400g
	無鹽奶油 ── 20g
	櫻桃白蘭地 ── 20g

表面裝飾

米果巧克力餅、巧克力裝飾片
紅醋栗、開心果碎、糖粉

[作法]

1　製作泡芙麵糊。參照P16-19 作法1-10 的要領，製作泡芙麵糊。

2　擠麵糊。將麵糊裝在擠花袋裡，在鋪好烤焙布的烤盤中，相間隔約2cm，擠出長約8cm長條形。

3　烘烤。以上火170℃／下火170℃（旋風烤箱175℃），烤約30-35分鐘，至麵糊膨脹、呈金黃色。

4　巧克力甘那許。鮮奶油、葡萄糖漿加熱至微溫（70℃）。

5　將 作法4 加入巧克力中攪拌至融化，待稍降溫（35℃），加入奶油攪拌至完全乳化，加入櫻桃白蘭地拌勻至有光澤。

6　填內餡、組合裝飾。將泡芙從上方約1/3高處橫剖切開，在底座擠入內餡，蓋上上層泡芙皮，再依法在表層擠上水滴狀內餡，放上剝碎的米果巧克力餅，用紅醋栗、開心果碎、白巧克力裝點，最後篩灑上糖粉即可。

米果巧克力餅

材料：奶油40g、白色棉花糖25g、巧克力米果40g

作法：奶油放入鍋中加熱煮融，放入棉花糖拌煮至完全
融化，加入巧克力米果拌勻，塑型、待冷卻定型即可。

泡芙在法國已成為象徵喜慶與祝賀的甜點，
重要的節慶、婚禮、典禮場合，都少不了它。
以基本製作延伸而成的無限創意，賦予泡芙不同的個性，
酥鬆外殼結合其他甜點元素，完美展現出泡芙饒富興味的樣貌，
泡芙塔、聖誕花圈、聖多諾黑泡芙、巴黎布列斯特、修女泡芙...
讓您創造出兼具香氣與口感的幸福滋味！

Decor

創意造型的
裝飾泡芙甜點

Christmas Wreath Puff

聖誕花圈泡芙

環狀泡芙搭配抹茶酥皮做成花圈，
草莓、藍莓及香甜的擠花內餡，酸甜的幸福滋味，
傳遞無比溫馨，繽紛的聖誕泡芙花圈！

· 參見P16-19製作泡芙麵糊。

· 參見P24製作卡士達奶油餡。

· 將擠花袋分別裝上大圓形花嘴（擠麵糊）、菊花花嘴（擠餡）。

[材料]（4個份）

泡芙麵糊

A 基本泡芙麵糊→參見P16

B 抹茶酥皮麵團→參見P34

抹茶卡士達餡

抹茶卡士達餡→參見P34

表面裝飾

草莓、藍莓、覆盆莓
紅醋栗、薄荷葉
糖粉、巧克力飾片
珍珠粒、金箔、玫瑰花瓣
糖粉、抹茶粉

[作法]

1 抹茶酥皮。參照P34 作法1 的要領製作抹茶酥皮麵團，切成厚約0.5cm薄片。

2 製作環狀泡芙。泡芙麵糊。參照P16-19 作法1-10 的要領，製作泡芙麵糊。將麵糊裝在擠花袋裡（大圓形），在鋪好烤焙布的烤盤中，相間隔約3cm，擠出直徑約10cm的圓形麵糊，表面相連的鋪放上圓形片狀的抹茶酥皮。

3 烘烤。以上火170℃／下火170℃（旋風烤箱175℃），烤約30-35分鐘至麵糊膨脹、呈金黃色。

4 抹茶卡士達餡。參照P34作法。取抹茶卡士達餡（200g）加入打發鮮奶油（50g）拌勻即可。

5 組合裝飾。將泡芙從上方約1/3高處橫剖切開，在底座擠入內餡，擺放上草莓，再擠上內餡，蓋上上層泡芙，表面篩上糖粉後篩入抹茶粉，用莓果、金箔、珍珠粒及翻糖小花裝飾即可。

Religieuse
修女泡芙

兩種大小的泡芙重疊組合，搭配濃郁香甜的奶油餡，
重疊縫隙披覆細緻的翻糖及糖霜裝點，
彷彿立著衣領的修女般，造型別致的經典法式甜點。

[事前準備]

· 參見P16-19製作泡芙麵糊（小泡芙）。
· 參見P60製作開心果風味奶油餡。
· 將擠花袋裝上圓形花嘴（擠麵糊）。
· 參見P13-15製作翻糖蝴蝶。

[材料]（8個份）

泡芙麵糊

A 胡蔔泡芙麵糊→參見P46
B 胡蘿蔔酥皮→參見P46

內餡

開心果風味奶油餡→P60

表面用

捏塑翻糖（紫色）、翻糖蝴蝶
珍珠粒、裝飾銀粉

[作法]

1 製作泡芙。參照P46-47作法製作泡芙麵糊（5cm胡蘿蔔酥皮泡芙）；參照P16-19 作法1-10 的要領，製作小泡芙麵糊（直徑約2cm）。

2 開心果風味奶油餡。參照P60-61的 作法4-5，製作開心果風味奶油餡。

3 組合裝飾。泡芙底部用擠花嘴戳洞，擠入內餡。

4 製作捏塑翻糖（參見P13-15），將捏塑翻糖加入紫色色水反覆折疊揉勻。分成小團，擀壓出大片，鋪放在大泡芙表面、塑型；依法擀壓小圓片，鋪放小泡芙表面，塑整成型。

5 用塑型工具分別壓出紋路線條，將小泡芙疊在大泡芙上方，頂端用珍珠粒點綴，並在大小泡芙接縫間擠出奶油花飾，最後用翻糖蝴蝶裝點即可。

Cream Puff Swans

雪天鵝泡芙

美麗的天鵝泡芙，填入香濃的奶油餡，
化身成收斂著翅膀，低頭優雅的姿態，
加上草莓點綴，相當討人喜愛！

[事前準備]

· 參見P16-19製作泡芙麵糊。

· 參見P24製作卡士達奶油餡。

· 將擠花袋分別裝上圓形花嘴（擠麵糊）、菊花花嘴（擠餡）。

[材料]（10個份）

泡芙麵糊

基本泡芙麵糊→參見P16

內餡

卡士達奶油餡200g→參見P24

打發鮮奶油 —— 50g

裝飾用

巧克力（融化）、草莓、糖粉

也可以利用竹炭泡芙麵糊做成黑天鵝造型。

[作法]

1 製作泡芙麵糊。參照 P16-19 作法1-10 的要領，製作泡芙麵糊。

2 擠麵糊。將麵糊裝在擠花袋裡（圓形花嘴），在鋪好烤焙布的烤盤中，相間隔約2cm，擠出長約4cm的水滴狀，身軀麵糊。

3 用小平口花嘴，擠出細細S形成頸子部分，接著勾勒出頭部嘴形。

4 烘烤。身軀麵糊，以上火170℃／下火170℃（旋風烤箱175℃），烤約30-35分鐘，至麵糊膨脹、呈金黃色。頭頸部分，放最上層，以上火170℃／下火170℃，烤約5-10分鐘即可。

5 組合裝飾。將身軀的泡芙體橫向切對半，再將上半部分對縱切成半，接著在底部的泡芙體擠上內餡，左右擺放縱切的泡芙片，做成翅膀，再用草莓片鋪放翅膀兩側，組合上頭部，用巧克力擠上眼睛，篩灑上糖粉即可。

Saint-Honore

聖多諾黑泡芙

以泡芙、酥餅結合做成的特殊變化，沾裹糖漿的泡芙排列鑲嵌，
層疊出高貴的質感氣息，多層次的華麗組合，巴黎皇冠級的甜點。

[事前準備]

· 參見P16-19製作泡芙麵糊。
· 參見P38製作巧克力香緹餡。
· 將擠花袋分別裝上圓形花嘴（擠麵糊）、
  菊花花嘴（擠餡）。

[材料]（4個份）

泡芙麵糊

基本泡芙麵糊→參見P16

底層酥皮

底層餅皮→參見P120

內餡

巧克力香緹餡→參見P38

糖漿

水——110g
細砂糖——200g
葡萄糖漿——50g

裝飾用

玫瑰花瓣

[作法]

1 底層餅皮—圓形。將
奶油、糖粉、鹽攪拌
乳霜狀，加入全蛋攪拌融
合，加入低筋麵粉、杏仁
粉拌勻，冷藏後擀成厚約
0.5cm片狀，用圓形模框
壓切成圓片（直徑11cm，
厚約0.5cm），放入烤箱以
上火160℃／下火160℃，
烤約15-18分鐘。

2 製作泡芙。參照P16-
19 作法1-10 的要領，
製作泡芙麵糊。將麵糊
裝在擠花袋裡，在鋪好烤
焙布的烤盤中，相間隔約
2cm，擠出直徑約3cm的
圓形麵糊。

3 烘烤。以上火170℃／
下火170℃（旋風烤箱
175℃），烤約30-35分鐘
至麵糊膨脹、呈金黃色。

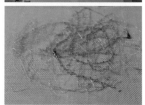

4 糖漿—糖片。將所有
材料放入小煮鍋中，
加熱至約125℃成焦糖色，
趁熱，用湯匙舀取糖漿淋
畫在矽膠布上，待冷卻定
型，即成糖片。

5 組合裝飾。將泡芙表
面沾裹糖漿，放置烤
焙布上，待冷卻定型，擠
餡。

6 在圓形餅皮上擠上巧
克力香緹餡，再由中
間往周圍圍擺上沾裹糖漿
的小泡芙。

7 由側邊間隔處，由底
往上擠上內餡，中間
表面擠上奶油花，頂層擺
上小泡芙，再用糖絲片、玫
瑰花瓣點綴裝飾。

Paris-Brest
巴黎布列斯特泡芙

為紀念法國自行車環法賽，衍生出象徵車輪的經典泡芙。
有著漂亮的花環形狀，夾著圍列中層的小泡芙及滿滿的內餡，
搭配繽紛的水果及糖粉點綴，夢幻有型非常耀眼。

[事前準備]

· 參見P16-19製作泡芙麵糊。

· 參見P40製作可可酥皮。

· 參見P38製作巧克力香緹餡。

· 將擠花袋分別裝上大圓形花嘴（擠麵糊）、菊花花嘴（擠餡）。

[材料]（1個份）

泡芙麵糊

基本泡芙麵糊→參見P16

可可酥皮

細砂糖──150g

奶油──100g

全蛋──30g

杏仁粉──100g

低筋麵粉──100g

可可粉──10g

內餡

巧克力香緹餡→參見P38

裝飾用

小泡芙、玫瑰花瓣

草莓、藍莓、覆盆莓

巧克力飾片、糖粉、紅醋栗

[作法]

1　製作環狀泡芙。參照P40 作法1 的要領，製作可可酥皮麵團，切成厚約0.5cm薄片。

2　參照P16-19 作法1-10 的要領，製作泡芙麵糊。將麵糊裝在擠花袋裡（大圓形），在鋪好烤焙布的烤盤中，擠出圓形麵糊（約6寸圓模大小），表面相連的鋪放上圓形片狀的可可酥皮。

也可先擠出1圈麵糊後，在內側再擠1圈，表面撒上杏仁角或杏仁片。

3　烘烤。以上火170℃／下火170℃（旋風烤箱175℃），烤約35-40分鐘，至麵糊膨脹、呈金黃色，再燜烤3-5分鐘至定型。（視烘烤實際狀況調整，避免焦黑）

4　組合裝飾。將環狀泡芙橫向切半，在底部的泡芙擠上內餡，擺放上小泡芙，再分別由左、右朝中間擠上內餡，中間再擠上內餡覆蓋，鋪放上草莓、藍莓，小泡芙頂層擠上內餡覆蓋，放上上層泡芙皮。

5　表面再擠上小朵奶油花，放上覆盆莓果、巧克力飾片、玫瑰花瓣，最後篩灑上糖粉即可。

Vanilla Custard Puff

火花造型泡芙

以圓酥餅為底層，頂層排圍上沾裹紅色糖漿的泡芙，
中層擠上鮮奶油花飾，再飾以巧克力飾片，金箔點綴，
晶瑩剔透的糖漿格外引人，多重層次的組合，裝點出高雅的光輝。

[事前準備]

· 參見P16-19製作泡芙麵糊。
· 參見P24製作卡士達奶油餡。
· 將擠花袋分別裝上圓形花嘴（擠麵糊）、菊花花嘴（擠餡）。
· 參見P114-115製作圓形餅皮。

[材料]（3個份）

泡芙麵糊

基本泡芙麵糊→參見P16

底層酥皮

底層餅皮麵團→參見P120

內餡

卡士達奶油餡→參見P24

紅色糖水

水──100g
細砂糖──200g
葡萄糖漿──100g
紅色色水──6g

裝飾用

打發鮮奶油
金箔、巧克力飾片、紅醋栗

[作法]

1. 製作泡芙。參照P16-19 作法1-10 的要領，製作泡芙麵糊。將麵糊裝在擠花袋裡，在鋪好烤焙布的烤盤中，相間隔約2cm，擠出直徑約2cm圓形。以上火170℃／下火170℃（旋風烤箱175℃），烤約30分鐘，至麵糊膨脹、呈金黃色。

2. 底層餅皮－圓形。壓切圓形餅皮（直徑5.5cm，厚0.5cm）參照P114-115 作法1，製作圓形餅皮。以上火160℃／下火160℃，烤約10-15分鐘。

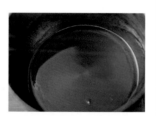

3. 紅色糖水。將所有材料煮至125℃成糖漿即可。

4. 組合裝飾。將小泡芙沾裹勻紅色糖漿，取出放置烤焙布上、待稍冷卻定型，再擠入內餡。

118

5 在小泡芙底部擠上少
許奶油餡，圓擺在圓
形餅皮上，在中間處擠上
打發鮮奶油，頂層放上小
泡芙，用金箔點綴即可。

Sugar Lace Éclair

蕾絲糖釉艾克蕾亞

泡芙表層以覆盆子甘那許裝點，覆蓋上晶瑩的法式糖片，
粉色香甜擠花餡、珍珠粒，帶出多層次的口感，
夢幻的色系與裝飾，有如華麗的珠寶，光看就讓人滿足！

[事前準備]

・參見P16-19製作泡芙麵糊。

・參見P58-59製作覆盆子巧克力甘那許。

・將擠花袋分別裝上菊花花嘴（擠麵糊）、圓形花嘴（擠餡）。

[材料]（12個份）

泡芙麵糊

基本泡芙麵糊→參見P16

底層餅皮

無鹽奶油——150g
糖粉——95g
杏仁粉——30g
全蛋——50g
鹽——2g
低筋麵粉——250g

內餡

覆盆子巧克力甘那許→參見P58
法式珍珠糖片

裝飾用

珍珠粒、紅醋栗、金箔

[作法]

1 製作泡芙。參照P16-19 作法1-10 的要領，製作泡芙麵糊。將麵糊裝在擠花袋裡，在鋪好烤焙布的烤盤中，相間隔約2cm，擠出長約10cm長條形。

2 烘烤。以上火170℃／下火170℃（旋風烤箱175℃），烤約30-35分鐘至麵糊膨脹、呈金黃色。

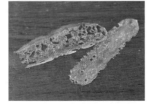

3 法式珍珠糖片。將橢圓模框放置矽膠布墊上，舀入專用糖、攤平，放入烤箱，以上火175℃／下火175℃，烤約15分鐘，取出、脫模。

4 底層餅皮－長條。將奶油、糖粉、鹽攪拌乳霜狀，加入全蛋攪拌融合，加入低筋麵粉、杏仁粉拌勻，冷藏後擀成厚約0.5cm片狀，再裁切成長條，放入烤箱以上火160℃／下火160℃，烤約10-15分鐘。

5 組合裝飾。在泡芙底部用擠花嘴戳3個洞，擠入內餡。在長條酥皮片上擠上內餡，擺放上泡芙，表面擠上內餡、放上珍珠粒，覆蓋上法式糖片即成。

Cocoa Éclair

香榭巴黎閃電泡芙

帶亮澤感的翻糖表層，以金箔點綴十足迷人耀眼，
外層包覆巧克力網狀，展現華麗質感，
絢麗燦爛的外型令人迷醉，奢華高雅的享受！

[事前準備]

・參見P16-19製作泡芙麵糊。

・參見P58製作覆盆子巧克力甘那許。

・將擠花袋分別裝上菊花花嘴（擠麵糊）、圓形花嘴（擠餡）。

・參見P120-121製作底層餅皮。

[材料] （12個份）

泡芙麵糊

A | 無鹽奶油——125g
  | 水——125g
  | 鮮奶——125g
  | 細砂糖——5g
  | 海鹽——2.5g
B | 全蛋——250g
  | 低筋麵粉——150g
  | 紅麴粉——20g

底層餅皮

底層餅皮麵團→參見P120

內餡

覆盆子巧克力甘那許→參見P58

裝飾用

紅色翻糖→參見P13-15
網狀巧克力飾片
金箔

[作法]

1 製作泡芙麵糊。參照P16-19 作法1-10 的要領，製作泡芙麵糊。將麵糊裝在擠花袋裡，在鋪好烤焙布的烤盤中，相間隔約2cm，擠出長約8cm細長條形麵糊。

2 烘烤。以上火170℃／下火170℃（旋風烤箱175℃），烤約30-35分鐘至麵糊膨脹、呈金黃色。

3 底層餅皮－長條。參照P120-121 作法1 製作要領，製作長條餅皮。

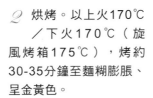

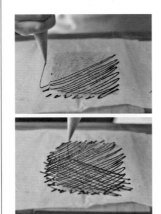

4 網狀巧克力飾片。將巧克力轉寫紙先裁出所需的長寬大小。將調溫巧克力在巧克力轉寫紙上以交叉方向畫出線條，成網片狀，捲成所需圓筒狀，待定型、撕除轉寫紙。

5 組合裝飾。將翻糖微波融化加入少許紅色色水拌勻。在泡芙底部用擠花嘴戳3個洞，擠入內餡，將泡芙表面沾裹勻紅色翻糖，用手指刮邊緣抹掉多餘的翻糖，待稍凝固，用金箔點綴。

6 將長條餅皮片上擠上少許內餡，再擺放上網狀巧克力，放入 作法5 泡芙，用金箔點綴即可。

Decor 123

Chocolate Ganache Éclair

濃情閃電泡芙

酥脆泡芙披覆白巧克力，散發白色優雅氣息，
內層擠入濃醇滑順內餡，表層再以甘那許擠花餡裝點，
覆蓋巧克力飾片組合，100%濃情的可可風味。

[事前準備]

- 參見P16-19製作泡芙麵糊。
- 參見P25製作巧克力甘那許。
- 將擠花袋裝上菊花花嘴（擠麵糊、擠餡）。
- 參見P13-15製作巧克力飾片。

[材料]（12個份）

泡芙麵糊

基本泡芙麵糊→參見P16

內餡

巧克力甘那許→參見P25

裝飾用

白巧克力
調溫巧克力、巧克力轉寫紙
鏡面果膠（原味、紅色）

[作法]

1 製作泡芙。參照P16-19 作法1-10 的要領，製作泡芙麵糊。將麵糊裝在擠花袋裡，在鋪好烤焙布的烤盤中，相間隔約2cm，擠出長約10cm長條形。

2 烘烤。以上火170℃／下火170℃（旋風烤箱175℃），烤約30-35分鐘至麵糊膨脹、呈金黃色。

3 製作巧克力飾片。巧克力調溫參見P13-15。將巧克力淋在轉寫紙上，用抹刀攤展抹勻，隔一層烤焙紙後輕壓上重物讓巧克力片平整、不會掀起，待定型，修裁四邊後再裁成所需長條大小，撕除轉寫紙，即成巧克力飾片。

4 組合裝飾。在泡芙底部用擠花嘴戳3個洞，擠入內餡。

5 白巧克力隔水融化，將泡芙表面沾裹白巧克力待凝固。表面擠上甘那許花飾，擺放上巧克力飾片、擠上鏡面果膠即可。

鏡面果膠加入少許紅色色素即可使用。

Green Tea Éclair

飛天龍閃電泡芙

淡淡抹茶香的泡芙，沾裹巧克力披覆，香甜不膩，
加上簡單的捏塑翻糖造型，風味十足，造型吸睛100%。

[事前準備]

- 參見P16-19製作泡芙麵糊。
- 參見P34製作抹茶卡士達。
- 將擠花袋分別裝上菊花花嘴（擠麵糊）、圓形花嘴（擠餡）。

[材料]（12個份）

泡芙麵糊

抹茶泡芙麵糊→參見P34

內餡

抹茶卡士達餡→參見P34

裝飾用

白巧克力、抹茶粉
捏塑翻糖
（白、黃、粉紅、咖啡）

[作法]

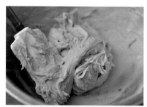

1 製作泡芙。參照P16-19 作法1-10 要領，製作泡芙麵糊。將麵糊裝在擠花袋裡，在鋪好烤焙布的烤盤中，相間隔約2cm，擠出長約8cm長條形。

2 烘烤。以上火170℃／下火170℃（旋風烤箱175℃），烤約30-35分鐘至麵糊膨脹、呈金黃色。

3 製作抹茶風味巧克力。將白巧克力隔水加熱融化後，趁溫熱時加入抹茶粉，用打蛋器充分攪拌混合均勻至無顆粒。

加入抹茶粉後用攪拌器攪拌至完全融解無顆粒狀態。

4 組合裝飾。在泡芙底部用擠花嘴戳3個洞，擠入內餡。將泡芙表面沾裹勻抹茶巧克力。

5 用捏塑翻糖搓揉出細
   線條，做成龍鬚。再
分別擀平、壓出白色眼
睛、龍翼、鼻孔、眼睛，
做出造型組合，最後用融
化巧克力擠上眼珠，在背
部擠上線條做出造型裝飾
即可。

Wreath Puff

花冠造型泡芙

以相連的圓形組合而成的環形花冠狀，
外層酥皮加上微微露出的內餡及草莓，相當的討喜，
暖心系的色調加上奶油花點綴開心果，裝點出優雅的氣息。

[事前準備]

- 參見P16-19製作泡芙麵糊。
- 參見P40製作原味酥皮。
- 參見P22製作義大利奶油餡。
- 將擠花袋分別裝上圓形花嘴（擠麵糊）、菊花花嘴（擠餡）。

[材料]（4個份）

泡芙麵糊

A　基本泡芙麵糊→參見P16
B　原味酥皮→參見P40

內餡

義大利奶油餡→參見P22

裝飾用

草莓、開心果
糖粉

[作法]

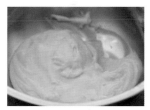

1　製作原味酥皮泡芙。
　　參照P40-41製作原味酥皮，切成厚約0.5cm薄片。參照P16-19 作法1-10 的要領，製作泡芙麵糊。

2　擠麵糊。將麵糊裝在擠花袋裡，在鋪好烤焙布的烤盤中，擠出直徑約4cm的圓形麵糊，6個圓形麵糊，組合成環形圓狀，表面鋪放原味酥皮，稍按壓。

3　烘烤。以上火170℃／下火170℃（旋風烤箱175℃），烤約30-35分鐘至麵糊膨脹、呈金黃色。

4　組合裝飾。將泡芙從上方約1/2高處橫剖切開，在底座擠入內餡。

5　擺放上層泡芙皮，在圓與圓相連的中間處擺放上草莓，頂層擠上奶油花飾、用開心果碎點綴，篩入糖粉裝飾即可。

Croquembouche

繽紛泡芙塔

以泡芙堆疊組合成的圓錐形塔，
造型華麗獨特，色彩繽紛，
祝賀節日繽紛隆重氣氛場合，
不可或缺的經典甜點。

[事前準備]

· 參見P25製作巧克力甘那許。
· 參見P13-15製作調溫巧克力。
· 塑膠墊板。

[材料] (1個份)

泡芙麵糊

環形泡芙→參見P116
各式泡芙→參見P16
各式閃電泡芙→參見P16

內餡

巧克力甘那許→參見P25

表面裝飾

各種顏色翻糖
巧克力飾片
金箔、彩色珍珠粒
調溫巧克力（灌模用）
免調溫白巧克力（黏著用）
玫瑰花瓣

[作法]

1 泡芙製作。環形泡芙製作，參照P116。各式泡芙體製作、擠餡，參照P16-19的要領製作泡芙。

2 製作巧克力圓錐。將塑膠墊板捲成圓錐狀，用膠帶黏貼固定。

3 將調溫巧克力倒入塑膠圓錐中，用手輕輕搖晃轉動，讓巧克力均勻布滿圓錐內壁，待巧克力漸漸變濃稠，再繼續轉動圓錐，讓巧克力沾附直至成均勻的厚度，最後倒出多餘的巧克力，待冷卻定型，脫除塑膠模。

4 組合裝飾。泡芙底部用擠花嘴戳洞，擠入內餡，表面沾覆各種顏色的淋面。

5 將泡芙底部沾上融化巧克力，緊貼環狀泡芙的周圍圍成圈做出底座。在底座上擺放上圓錐巧克力，再沿著巧克力圓錐一個接一個整齊排列、黏貼固定成型，頂端用巧克力飾片點綴。

Cream Filled Puff
旋風夾心泡芙

以結合夾心餅乾的手法製作，將麵糊擠成圓片狀，
成型的泡芙餅皮看得見螺旋紋路，非常的美麗，
香濃的卡士達夾層與蓬鬆的餅皮，口感滋味特別。

[事前準備]
· 參見P16-19製作泡芙麵糊。
· 參見P46製作柳橙風味奶油餡。
· 將擠花袋裝上圓形花嘴（擠麵糊、擠餡）。

[材料]（約12組）

泡芙麵糊
基本泡芙麵糊→參見P16

內餡
柳橙風味奶油餡→參見P46

裝飾用
玫瑰花瓣
彩色珍珠粒
巧克力飾片

[作法]

1　製作泡芙麵糊。參照
P16-19 作法1-10 的要
領，製作泡芙麵糊。

2　擠麵糊。將麵糊裝在
擠花袋裡，在鋪好烤
焙布的烤盤中，相間隔約
2cm，由內往外以繞同心
圓的方式擠出直徑約4cm
的螺旋紋狀麵糊。

3　烘烤。以上火170℃／
下火170℃（旋風烤箱
175℃），烤約30-35分鐘
至麵糊膨脹、呈金黃色。

4　填內餡、組合裝飾。
取2片同樣大小的泡
芙片為組。在一片泡芙的
表面擠上內餡，蓋上另一
片泡芙，表面擠上少量奶
油餡，放上巧克力飾片，
再用玫瑰花、珍珠粒點綴
即可。

Napoleon Puff
泡芙千層

將泡芙麵糊烤成薄片狀的麵皮，搭配香濃滑順內餡，
加上大量的水果切片，層層的堆疊組合，
相當美味且造型特別的千層泡芙甜點。

[事前準備]

· 參見P42製作巧克力麵糊。
· 參見P24製作卡士達奶油餡。
· 將擠花袋分別裝上圓形花嘴（擠麵糊）、菊花花嘴（擠餡）。

[材料]（1盤份）

泡芙麵糊

A | 無鹽奶油 —— 125g
  | 水 —— 125g
  | 鮮奶 —— 125g
  | 細砂糖 —— 5g
  | 海鹽 —— 2.5g
B | 全蛋 —— 250g
  | 低筋麵粉 —— 150g
  | 可可粉 —— 13g

內餡

卡士達奶油餡→P24 —— 200g
打發鮮奶油 —— 50g

裝飾用
巧克力屑、覆盆莓、糖粉
紅醋栗、薄荷葉

＊夾層餡可搭配二層口味做層次及口
　感的變化；或搭配水果丁。

[作法]

1 製作泡芙麵糊。參照
   P16-19 作法1-10 的要
領，製作泡芙麵糊。

2 擠麵糊。將麵糊倒入
   在鋪好烤焙布的烤盤
中，用抹刀抹勻麵糊成薄
薄一層（厚約1cm），表
面覆蓋烤焙紙、網子輕
壓。

3 烘烤。以上火170℃
   ／下火170℃（旋
風烤箱175℃），烤約
30-35分鐘至麵糊膨脹、
呈金黃色。

4 填內餡、組合裝飾。將
   泡芙麵皮四邊切齊，
去除多餘的部分，切成長
片狀，再裁切成長3cm×
寬7.5cm，輕按壓使厚度
均勻。

5 在泡芙皮表面擠上內
   餡，蓋上泡芙皮，再
擠上內餡、蓋上泡芙皮，
表層鋪上巧克力屑、篩上
糖粉，擺放上覆盆莓、紅
醋栗即可。

Orange Blossom Puff

抹茶橙花泡芙

和風抹茶清香，結合法式風味橙花水提味，
交織出迷人的風味香氣，口感酥爽、多層次。

[事前準備]

· 參見P16-19製作泡芙麵糊。
· 參見P34製作抹茶酥皮。
· 將擠花袋分別裝上圓形花嘴（擠麵糊）、菊花花嘴（擠餡）。

[材料] （22個份）

泡芙麵糊

A　基本泡芙麵糊→參見P16
B　抹茶酥皮麵團→參見P34

抹茶奶油橙花餡

動物鮮奶油——230g
吉利丁片——10片
白巧克力——100g
抹茶粉——16g
動物鮮奶油——200g
橙花水——6g

布列塔尼酥餅

奶油（軟化）——100g
海鹽——1g
糖粉——70g
蛋黃——24g
蘭姆酒——10g
低筋麵粉——100g
杏仁粉——10g

裝飾用

覆盆子、金桔
彩色珍珠粒、玫瑰花瓣
白巧克力

[作法]

1 抹茶酥皮。參照P34 **作法1** 的要領製作抹茶酥皮麵團，切成厚約0.5薄片。

2 製作泡芙。泡芙麵糊參照P16-19 **作法1-10** 的要領，製作泡芙麵糊。將麵糊裝在擠花袋裡，在鋪好烤焙布的烤盤中，相間隔約1.5cm，擠出直徑約3cm的圓形麵糊，表面鋪蓋抹茶酥皮。

3 烘烤。以上火170℃／下火170℃（旋風烤箱175℃），烤約30-35分鐘，至麵糊膨脹、呈金黃色。

4 布列塔尼酥餅。奶油、海鹽、糖粉攪拌乳霜狀，分次加入蛋黃攪拌融合，加入杏仁粉、低筋麵粉拌勻，再加入蘭姆酒拌勻。冷藏後擀壓成厚約0.5cm長片狀，放入烤箱以上火160℃／下火160℃，烤約10分鐘。

5 取出烤半熟餅皮，用圓形模框壓切成圓片（直徑約4cm），等間距放入烤盤，再回烤約5分鐘至熟。

6 抹茶奶油橙花餡。吉利丁片浸泡軟化。鮮奶油230g、抹茶粉加熱煮沸。

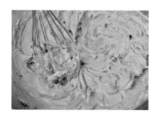

7 將白巧克力隔水加熱融化，加入橙花水拌勻，再加入煮沸的抹茶鮮奶油混合拌勻，最後加入鮮奶油200g拌勻，待稍冷卻，冷藏後再攪拌打發使用。

8 填內餡、組合裝飾。在泡芙底部用擠花嘴戳孔，從底座擠入抹茶奶油橙花餡。

9 白巧克力隔水加熱融化。

10 在泡芙頂部表面擠上融化白巧克力,並擺放上布列塔尼酥餅。

12 周圍放上切半、拭乾多餘水分的覆盆子。

11 在餅皮中間處擠上抹茶奶油橙花餡。

13 最後再擺放上切片的金桔,用玫瑰花瓣及彩色珍珠粒點綴即可。

蜜香花心泡芙

蜜香紅茶與醇厚乳脂完美提引出極致的香氣與甜味，
加上焦糖泡芙的酥香口感，
營造出香氣優雅、口感清甜的食尚甜點。

[事前準備]

· 參見P16-19製作泡芙麵糊。
· 參見P40製作原味酥皮。
· 將擠花袋分別裝上圓形花嘴（擠麵糊）、扁形狀花嘴（擠餡）。

[材料]（50個份）

泡芙麵糊

A　基本泡芙麵糊→參見P134
B　原味酥皮麵團→參見P40

表面焦糖

糖漿→參見P114

底層酥皮

起酥片——3片

蜜香紅茶餡

鮮奶油——100g
葡萄糖漿——5g
蜜香紅茶粉——6g
白巧克力——175g

表面用

打發植物鮮奶油

[作法]

1　原味酥皮。參照P40 作法1 的要領製作原味酥皮麵團，切成厚約0.5cm薄片。

2　製作泡芙。泡芙麵糊參照P16-19 作法1-10 的要領，製作泡芙麵糊。將麵糊裝在擠花袋裡，在鋪好烤焙布的烤盤中，相間隔約2cm，擠出直徑約2cm的圓形麵糊，表面鋪蓋原味酥皮。

3　烘烤。以上火170℃／下火170℃（旋風烤箱175℃），烤約30-35分鐘，至麵糊膨脹、呈金黃色。

4　底層餅皮－起酥片。將起酥片用圓形模框壓出圓形片（直徑約8cm），表面再壓蓋烤盤紙及烤網，放入烤箱，以上火175℃／下火175℃，烤約20-35分鐘至熟

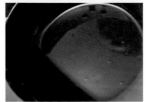

5　焦糖。參見P114 作法4 的要領熬煮糖漿。

6　填內餡。將泡芙底部用擠花嘴戳孔洞。

7　由底部擠入內餡。

8　並在表面沾裹焦糖，待冷卻定型。

9　或將沾裹勻糖漿的泡芙，頂部朝下放置烤焙布上。

10 待冷卻、定型頂面成
微平坦造型。

11 蜜香紅茶內餡。將鮮
奶油加熱後，加入葡
萄糖漿拌勻，加入紅茶粉
拌煮至香氣逸出，待稍降
溫，加入白巧克力拌至濃
稠融合即可。

12 組合裝飾。將植物鮮
奶油攪拌打發至硬
挺狀。

13 將焦糖泡芙放置在
起酥餅皮的中間處。

14 周圍擠上皺折狀的
打發鮮奶油，再用
玫瑰花瓣裝點即可。

Mocha Eclair
魔力王漾泡芙

特有的泡芙口感與餅皮夾層，滲著咖啡濃醇雅致的香氣，
濃郁的香味與豐富的味道，與內餡交織出絕美的味道口感。

[事前準備]

· 咖啡水的製作，將咖啡粉6g、水20g加熱拌煮至濃稠，香氣逸出即成。
· 參見P16-19製作泡芙麵糊。
· 參見P32製作咖啡酥皮。
· 將擠花袋分別裝上圓形花嘴（擠麵糊）、菊花花嘴（擠餡）。

[材料] （22個份）

泡芙麵糊
A 咖啡泡芙麵糊→參見P32
B 咖啡酥皮麵團→參見P32

咖啡餅皮
奶油──75g
糖粉──46g
咖啡水──10g
全蛋──25g
杏仁粉──15g
低筋麵粉──125g

咖啡內餡
動物鮮奶油──200g
咖啡粉──50g
細砂糖──80g
葡萄糖漿──50g
70%巧克力──400g
牛奶巧克力──350g
奶油──250g

表面淋醬
咖啡水──10g
鏡面果膠──100g

表面用
金箔、可可脆殼、白巧克力

[作法]

1 咖啡酥皮。參照P32 **作法1** 的要領製作咖啡酥皮麵團，切成厚約0.5cm薄片。

2 製作泡芙。泡芙麵糊參照P16-19 **作法1-10** 的要領，製作泡芙麵糊。將麵糊裝在擠花袋裡，在鋪好烤焙布的烤盤中，相間隔約2cm，擠出直徑約4cm的圓形麵糊，表面鋪蓋咖啡酥皮。

> 將咖啡粉與水先加熱煮至濃稠，能提增香氣。

3 烘烤。以上火170℃／下火170℃（旋風烤箱175℃），烤約30-35分鐘，至麵糊膨脹、呈金黃色。

4 咖啡餅皮。奶油、糖粉攪拌鬆發，分次加入全蛋、咖啡水攪拌融合，加入過篩粉類拌勻，冷藏後擀壓成厚約0.5片狀，用直徑5cm模框壓出圓形片。以上火170℃／下火170℃，烤約15分鐘。

5 咖啡內餡。將鮮奶油煮沸加入咖啡粉、細砂糖拌勻融化，加入葡萄糖漿拌勻，再加入巧克力拌勻，待降溫至50℃，加入奶油拌勻即可。

6 表面淋醬。將所有材料混合拌勻即可。

7 填內餡、組合裝飾。用擠花嘴在底部戳出孔洞，擠上咖啡內餡。

8 將泡芙從上方約1/4高處橫剖開，表面擠上少許融化白巧克力，鋪放上咖啡餅皮。

9 表面擠上環狀造型內餡，再覆蓋上層餅乾皮，頂層擠上淋醬，用金箔、可可脆殼點綴即可。

Berries Éclair

巴黎花語艾克蕾亞

濃郁香甜的莓果乳酪餡，搭配酸甜風味的莓果香氣，
口感豐富、香氣清爽不膩，完美的平衡令人驚豔。

[事前準備]

- 參見P16-19製作泡芙麵糊。
- 將擠花袋分別裝上緞帶花嘴（擠麵糊）、扁形狀花嘴（擠餡）。

[材料]（15個份）

泡芙麵糊

A 無鹽奶油——125g
水——125g
鮮奶——125g
草莓粉——15g
細砂糖——5g
海鹽——2.5g

B 全蛋——250g
低筋麵粉——150g

乳酪風味草莓餡

鮮奶油——115g
吉利丁片——4片
白巧克力——50g
草莓糖漿——50g
鮮奶油——100g
北海道奶油乳酪——20g

表面用

草莓乾燥片、覆盆子
金桔片、彩色珍珠糖
開心果、翻糖小花、糖粉

草莓乾燥片

[作法]

1 製作泡芙。參照P16-19 作法1-10 的要領，製作泡芙麵糊。將麵糊裝在擠花袋裡，在鋪好烤焙布的烤盤中，相間隔約2cm，擠出直徑約12cm細長條形麵糊。

2 烘烤。以上火170℃／下火170℃（旋風烤箱175℃），烤約30-35分鐘，至麵糊膨脹、呈金黃色。

3 乳酪風味草莓餡。吉利丁片浸泡軟化。鮮奶油115g加熱煮沸。

4 將白巧克力隔水加熱融化，加入草莓糖漿拌勻，再加入煮沸的鮮奶油、軟化吉利丁、奶油乳酪混合拌勻，最後加入鮮奶油100g拌勻，待冷卻，冷藏隔天再攪拌打發使用。

5 填內餡、組合裝飾。泡芙從上方約1/2高處橫剖切開，在底座擠上連續S波浪狀內餡。

6 表面篩灑上糖粉。

7 用壓模在白色翻糖上壓切出花形，中間壓出圓形凹槽放上珍珠糖做花蕊。分別再擺放上莓果、草莓、金桔片、開心果、翻糖小花裝飾。

Caramel Almond Éclair

雙茶焦糖咔滋泡芙

表層的焦糖杏仁宛如琥珀寶石般帶著誘人華麗視覺，
夾層雙茶香甜內餡，極其迷人的香氣與多層次的口感展現。

[事前準備]

· 參見P16-19製作泡芙麵糊。

· 將擠花袋裝上菊花花嘴（擠麵糊、擠餡）。

· 杏仁角用上下火160℃烤約10分鐘。

· 參見P15製作紫銅粉巧克力豆。

[材料]（12個份）

泡芙麵糊

A | 無鹽奶油 —— 125g
水 —— 125g
鮮奶 —— 125g
烏龍茶粉 —— 6g
細砂糖 —— 5g
海鹽 —— 2.5g
B | 全蛋 —— 250g
低筋麵粉 —— 150g

焦糖杏仁糖片

無鹽奶油 —— 255g
細砂糖 —— 118g
葡萄糖漿 —— 115g
蜂蜜 —— 225g
高筋麵粉 —— 60g
低筋麵粉 —— 60g
杏仁角（烤過）—— 25g
檸檬屑 —— 3g

焦糖奶油餡

細砂糖 —— 169g
葡萄糖漿 —— 50g
動物鮮奶油 —— 270g
海鹽 —— 1g
吉利丁片 —— 14g
奶油 —— 140g

烏龍卡士達

鮮奶 —— 500g
香草莢 —— 0.5g
烏龍茶粉 —— 10g
玉米粉 —— 30g
低筋麵粉 —— 34g
細砂糖 —— 125g
蛋黃 —— 115g
奶油 —— 20g

裝飾用

榛果粒、金箔
巧克力豆、可可脆殼

可可脆殼

[作法]

1 製作泡芙。參照P16-19 **作法1-10** 的要領，製作泡芙麵糊。將麵糊裝在擠花袋裡，在鋪好烤焙布的烤盤中，相間隔約2cm，擠出長約12cm細長條形麵糊。

2 烘烤。以上火170℃／下火170℃（旋風烤箱175℃），烤約30-35分鐘，至麵糊膨脹、呈金黃色。

3 焦糖杏仁糖片。將奶油、細砂糖、葡萄糖漿、蜂蜜加熱煮至完全融化，加入過篩的高筋、低筋麵粉混合拌勻，再加入烤過杏仁角及檸檬屑拌勻，覆蓋保鮮膜，冷藏靜置24小時後使用。

4 將 **作法3** 倒在矽膠墊上抹平，用上火160℃／下火160℃烤約20-25分鐘。

5 趁熱還沒定型時用橢圓模框壓切同泡芙長度大小。

6 焦糖奶油餡。將細砂糖、海鹽、葡萄糖漿用中小火加熱煮至焦化，加入鮮奶油煮沸，再加入奶油續煮至濃稠狀約107℃，待稍冷卻，加入浸泡軟化的吉利丁攪拌融合。

7 將取 作法6 焦糖醬100g、打發植物鮮奶油50g混合拌勻即成。

8 烏龍卡士達餡。鮮奶、烏龍茶粉、香草籽、奶油加熱煮至沸騰。

9 將蛋黃、玉米粉、低筋麵粉、細砂糖混合拌勻，再沖入 作法8 回煮加熱至光滑、濃稠狀，待冷卻即可。

10 填內餡、組合裝飾。將泡芙從上方約1/4高處橫剖切開，在底座等間隔擠入焦糖奶油餡。

11 在相間隔處再擠上烏龍卡士達餡。

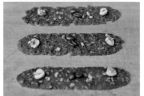

12 將焦糖杏仁糖片兩側擺放上烤過的榛果粒、巧克力豆、可可脆殼、用金箔點綴即可。

13 最後，蓋上上層焦糖、杏仁糖片裝點。

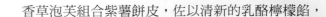

Lemon Cream Cheese Puff

初覓香檸泡芙

香草泡芙組合紫薯餅皮，佐以清新的乳酪檸檬餡，
檸香優雅滲入味蕾，絲滑順口的香甜氣息，
展現法式的浪漫優雅。

[事前準備]

- 參見P16-19製作泡芙麵糊。
- 參見P40製作原味酥皮。
- 將擠花袋裝上圓形花嘴（擠麵糊、擠餡）。
- 參見P13製作翻糖小花。

[材料]（20個份）

泡芙麵糊

A | 無鹽奶油——125g
水——125g
鮮奶——125g
香草莢——1支
細砂糖——5g
海鹽——2.5g

B | 全蛋——250g
低筋麵粉——150g

C | 原味酥皮麵團→參見P40

底層－香草紫薯酥餅

糖粉——75g
奶油——50g
全蛋——15g
杏仁粉——50g
低筋麵粉——50g
香草莢——1/2支
紫薯粉——15g

乳酪檸檬餡

北海道奶油乳酪——100g
糖粉——30g
檸檬汁——10g

裝飾用

金桔、翻糖花、巧克力飾片
香堇花、迷迭香、金箔

[作法]

1 原味酥皮。參照P40 [作法1] 的要領製作原味酥皮麵團，切成厚約0.5cm薄片。

2 製作泡芙。泡芙麵糊參照P16-19 [作法1-10] 的要領，製作泡芙麵糊。將麵糊裝在擠花袋裡，在鋪好烤焙布的烤盤中，相間隔約1.5cm，擠出直徑約2.5cm的圓形麵糊。

3 表面鋪蓋原味酥皮，稍按壓。

4 烘烤。以上火170℃／下火170℃（旋風烤箱175℃），烤約30-35分鐘，至麵糊膨脹、呈金黃色。

5 底層餅皮－香草紫薯酥餅。香草莢刮取香草籽。將奶油、糖粉、香草籽攪拌鬆發，加入過篩紫薯粉混合拌勻，分次加入全蛋攪拌融合，加入低筋麵粉、杏仁粉拌勻至無顆粒，包覆塑膠袋擀壓平整（厚約0.5cm），冷藏鬆弛約10分鐘。

6 將餅乾麵皮放置烤盤，放入烤箱，以上火170℃／下火170℃，烤約10分鐘，取出分切成方片狀（約8×8cm），再回烤約5分鐘。

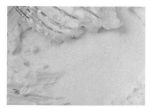

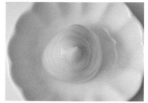

7 乳酪檸檬餡。乳酪、糖粉攪拌鬆軟，加入檸檬汁拌勻即可。

8 填內餡、組合裝飾。
泡芙底部用擠花嘴戳
洞,擠入乳酪檸檬餡。

9 將香草紫薯酥餅的對
角兩處擠上少許的乳
酪檸檬餡,斜對角擺放上
泡芙。

10 用壓模在黃色翻糖
上壓切出花形,中間
壓出圓形凹槽放上珍珠糖
做花蕊,擺放泡芙表面。

11 另一側對角擠上乳
酪檸檬餡,表面再
放上切片的金桔圓片,以
及羽毛狀巧克力飾片。

12 最後用香堇花、迷
迭香及金箔點綴。

Lemon Cream Cheese Éclair

法爵蕾夢乳酪泡芙

清新微酸的檸檬與乳酪的濃醇馥郁，襯出清新順口滋味，
搭配淡淡烏龍茶香泡芙體，香氣風味俱全的迷人甜點。

[事前準備]

· 參見P16-19製作泡芙麵糊。

· 將擠花袋裝上菊花花嘴（擠麵糊、擠餡）。

· 參見P13製作翻糖小花。

[材料] （12個份）

泡芙麵糊

基本泡芙麵糊→參見P144

乳酪檸檬餡

北海道奶油乳酪 —— 100g

糖粉 —— 30g

檸檬汁 —— 10g

表面用

金桔、彩色珍珠糖

巧克力飾片、玫瑰花瓣

翻糖小花、香菫花

金桔片也可用柑橘瓣來代替。

[作法]

1 製作泡芙。參照P16-19 作法1-10 的要領，製作泡芙麵糊。將麵糊裝在擠花袋裡，在鋪好烤焙布的烤盤中，相間隔約2cm，擠出長約12cm細長條形麵糊。

2 烘烤。以上火170℃／下火170℃（旋風烤箱175℃），烤約30-35分鐘，至麵糊膨脹、呈金黃色。

3 乳酪檸檬餡。乳酪、糖粉攪拌鬆軟，加入檸檬汁拌勻即可。

4 填內餡、組合裝飾。將泡芙從上方約1/4高處橫剖切開，在底座擠入乳酪檸檬餡。

5 將金桔切小辦狀間隔的正反交錯擺放，用玫瑰花瓣、香菫花及珍珠糖裝點即可。

烘焙職人系列 16

鄭清松
人氣法式閃電泡芙

作　　者／鄭清松
責任編輯／潘玉女

業務經理／羅越華
行銷經理／王維君
總 編 輯／林小鈴
發 行 人／何飛鵬
出　　版／原水文化
　　　　　台北市民生東路二段 141 號 8 樓
　　　　　電話：(02) 2500-7008　傳真：(02) 2502-7676
　　　　　E-mail：H2O@cite.com.tw 部落格：http://citeh2o.pixnet.net/blog/
發　　行／英屬蓋曼群島商家庭傳媒股份有限公司城邦分公司
　　　　　台北市中山區民生東路二段 141 號 11 樓
　　　　　書虫客服服務專線：02-25007718；25007719
　　　　　24 小時傳真專線：02-25001990；25001991
　　　　　服務時間：週一至週五上午 09:30 ～ 12:00；下午 13:30 ～ 17:00
　　　　　讀者服務信箱：service@readingclub.com.tw
劃撥帳號／ 19863813；戶名：書虫股份有限公司
香港發行／城邦（香港）出版集團有限公司
　　　　　香港灣仔駱克道 193 號東超商業中心 1 樓
　　　　　電話：(852)2508-6231　傳真：(852)2578-9337
　　　　　電郵：hkcite@biznetvigator.com
馬新發行／城邦（馬新）出版集團
　　　　　41, Jalan Radin Anum, Bandar Baru Sri Petaling,
　　　　　57000 Kuala Lumpur, Malaysia.
　　　　　電話：(603) 90563833 傳真：(603) 90576622
　　　　　電郵：services@cite.my

城邦讀書花園
www.cite.com.tw

美術設計／陳育彤
攝　　影／周禎和
製版印刷／卡樂彩色製版印刷有限公司
初　　版／ 2023 年 5 月 18 日
定　　價／ 600 元

ISBN ／ 978-626-7268-33-9(平裝)

國家圖書館出版品預行編目資料

鄭清松 人氣法式閃電泡芙 / 鄭清松著 . -- 初版 . -- 臺北市：原水文化出版：英屬蓋曼群島商家庭傳媒股份有限公司城邦分公司發行, 2023.05
　　面；　公分 . -- (烘焙職人系列；16)
ISBN 978-626-7268-33-9(平裝)
1.CST：點心食譜
427.16　　　　　　　　　112006653